高等职业教育“十三五”规划教材

传感器应用与信号检测

宋 阳 张瑞林 邵在虎 主编
周国平 许艳梅 刘 敏 吴 方 副主编
许洪龙 高 强 参编

CHUANGANQI YINGYONG YU XINHAO JIANCE

中国轻工业出版社

图书在版编目（CIP）数据

传感器应用与信号检测 / 宋阳，张瑞林，邵在虎主编.
—北京：中国轻工业出版社，2016.8
高等职业教育“十三五”规划教材
ISBN 978-7-5184-1001-9

Ⅰ.①传… Ⅱ.①宋… ②张… ③邵… Ⅲ.①传感器—应用—高等职业教育—教材 ②信号检测—高等职业教育—教材 Ⅳ.①TP212.9②TN911.23

中国版本图书馆CIP数据核字（2016）第181565号

责任编辑：张文佳　　责任终审：孟寿萱
整体设计：锋尚设计　　责任校对：燕　杰　　责任监印：张　可

出版发行：中国轻工业出版社（北京东长安街6号，邮编：100740）
印　　刷：三河市万龙印装有限公司
经　　销：各地新华书店
版　　次：2016年8月第1版第1次印刷
开　　本：787×1092　1/16　印张：9.5
字　　数：240千字
书　　号：ISBN 978-7-5184-1001-9　定价：28.00元
邮购电话：010-65241695　传真：65128352
发行电话：010-85119835　85119793　传真：85113293
网　　址：http：//www.chlip.com.cn
Email：club@chlip.com.cn
如发现图书残缺请直接与我社邮购联系调换
KG1163—160177

前　言
FOREWORD

本书是编者根据高等职业教育教学的基本要求，在多年的教学实践基础上，结合自己的教学经验，在力求通俗、简明的指导思想下编写而成。

作为人体感觉器官的延伸，传感器已应用于生产、生活、科研等各个领域，是各种信息检测系统、自动测量系统、自动报警系统和自动控制系统必不可少的信息采集的“感觉器官”，在现代科学技术和工程领域中占有极其重要的地位和作用。

本书编写按项目-任务展开，体现教、学、做一体化，突出该课程的实用性和实践性，以传感器的实际应用为主，结合学生的实际，贴近生产生活，便于学生掌握。

本书主要介绍了生产、生活、科研中常用的传感器以及这些传感器的工作原理、测量转换电路及其应用，并且通过实训项目使学生初步掌握传感器选型、安装和调试等基本技能。

本书可作为电子信息类、智能仪表、工业自动化、自动控制、机电一体化、计算机应用等专业的教材。使用本教材的学校可以根据专业要求、实验条件和其他实际情况，对相应章节的内容进行取舍。

本书的编写工作得到了许多同行的热情帮助，并提出了宝贵意见，也得到了编者所在院校领导的关心和支持，在此一并表示衷心感谢。

由于水平有限，书中难免存在不足之处，敬请读者批评指正。

编　者

2016年6月

目 录
CONTENTS

项目一 传感器的认知

传感器技术是现代信息技术的主要内容之一，是检测和自动控制应用中的主要环节。把计算机看成人的大脑，通信就相当于神经系统的网络，而传感器就相当于人的感官。如光电传感器（光敏元件、电荷耦合器件CCD等）相当于人眼；声传感器（压电元件等）相当于人耳；触觉传感器（热敏电阻、力敏电阻等）相当于皮肤。

传感器随处可见，如在工业自动化生产中，各种参数的监测；在航天领域，宇宙飞船的速度、位置、温度、压力和磁场等参数的测量；在机器人的研究中，外部的平面和立体视觉传感器、触觉传感器、热觉传感器、力觉传感器和滑觉传感器等；在智能建筑系统中，安全防护、防盗、防火和防燃气泄漏等，用到的CCD电子监视器、烟雾传感器、气体传感器、玻璃破碎传感器和红外传感器，以及门禁系统中的指纹传感器等；在医疗诊断中，超声波检查、核磁共振、心电图和照相等。人们日常生活中的家用电冰箱、空调、电饭锅和洗衣机等，也都用到了各种传感器。

任务一 传感器件的识别

一、任务描述

在当今的信息时代，人们越来越迫切地希望能准确地掌握自然界和生产领域更多的各类信息，而传感器则是人们获取这些信息的主要途径和手段，因此传感器与人们的关系越来越密切。传感器是实现自动检测和自动控制的首要环节，它对于提高生产的自动化程度、促进现代科学技术的发展具有极其重要的作用。

二、任务资讯

1. 传感技术的重要性

当代社会被称为信息社会，信息技术成为当代工业技术中的一个重要组成部分。信息技术包含以下部分：

信息采集——依赖各类传感器代替人的触觉、嗅觉、味觉、视觉、听觉（电五官）。

信息传输——神经网络、通信技术等。

信息控制——利用各类计算机、微处理器等。

传感器及检测技术是信息技术的关键与首要环节。

如果没有传感器对原始参数进行精确可靠的测量，那么，对信号的传输、转换、处理、记录、显示都失去了意义。传感器质量的优劣，检测技术的先进与否，直接决定了测试和自控过程的成败。然而信息技术的这两个关键问题，长期以来并未协调发展，从而形成了“头脑发达、四肢简单”的状态。

造成信息技术这种状态的内在原因是：计算机输入、输出都是电信号，从其发明到现在短短几十年，经历了电子管-晶体管（分立元件）-集成电路的发展阶段，尤其近三四十年大规模、超大规模集成电路的发明和应用使计算机技术有了突飞猛进的发展，其体积越来越小、速度越来越快、功能越来越多、应用越来越广。

传感器的问题就不那么简单了，它与计算机最大区别在于：① 传感器直接与五花八门的被测对象打交道，工作环境差，易受压力、湿度、粉尘、辐射、振动等影响；② 传感器的输入、输出往往是不同种类的信息，造成其工作机理、材料和结构上千差万别。虽然传感器的历史很长，但与计算机技术相比，明显处于落后的地位，成为许多检测与控制系统的难点或者说是薄弱环节，在信息技术的发展中已经拖了后腿。

随着科学技术发展的需要，人们越来越认识到传感器的重要地位，国内外高新技术各行业都十分重视研制开发与生产各种用途的传感器。20世纪80年代，日本就将传感器列为应大力发展的五项重要技术之首，美国、西欧及俄罗斯等国都以巨额投资进行传感器的技术开发。美国近年来进行火星研究的“勇气号”“机遇号”“凤凰号”等探测器，就使用了大量的传感器。传感技术在我国也被列为重点科技发展项目，我国先后成立了许多科研机构与学术团体，在许多学校设立了相关专业，近年来连续召开了许多全国及国际性的传感技术学术会议及展览会。

随着社会文明的进步，传感器的使用将无处不在，传感技术已逐步发展成为一个独立的学科，在未来的国民经济发展中将发挥越来越重要的作用。

2. 传感器的定义

传感器是一种传递感觉的器件或装置，如：冰箱中的温度传感器、监视煤气（一氧化碳）溢出浓度的气敏传感器、防止火灾的烟雾传感器、测试物体质量的电子秤等。

传感器能感受规定的被测量（输入信号），并按照一定的规律转换成可用输出信号（以电量为主），以满足信息的传输、处理、存储、记录、显示和控制等要求。国际电工委员会（International Electrotechnical Committee，IEC）对传感器的定义为："传感器是测量系统中的一种前置部件，它将输入变量转换成可供测量的信号。"我国的国家标准（GB 7665—1987）对传感器的定义为："传感器是能够感受规定的被测量并按一定规律和精度转换成可用输出信号的器件或装置。"

以上定义说明，传感器是一种以一定的精确度把被测量转换为与之有确定对应关系的、便于应用的某种物理量的测量装置。广义地说，传感器是一种能把物理量或化学量等转变成便于利用的电信号的器件。它是传感检测系统的一个组成部分，是被测量信号输入的第一道关口。

传感器由于应用场合（领域）的不同，称呼也有所不同。如在过程控制中传感器被称为变送器，在射线检测中传感器被称为发送器、接收器、探头。在有些场合它又被称为换能器、检测器、一次仪表、探测器一次仪表等。

传感器的输入信号有如下几种：

（1）物理量：力、温度、湿度、压力、流量、位移、速度、加速度、振动等。

（2）化学量：各种气体、pH等。

（3）状态量：颜色、表面光洁度、透明度、磨损量、裂纹、缺陷、表面质量等。

（4）生物量：血压、颅压、体温等。

（5）社会量：人口流动情况等。

传感器的简单应用

3. 传感器的组成

传感器的组成框图如图1-1所示。

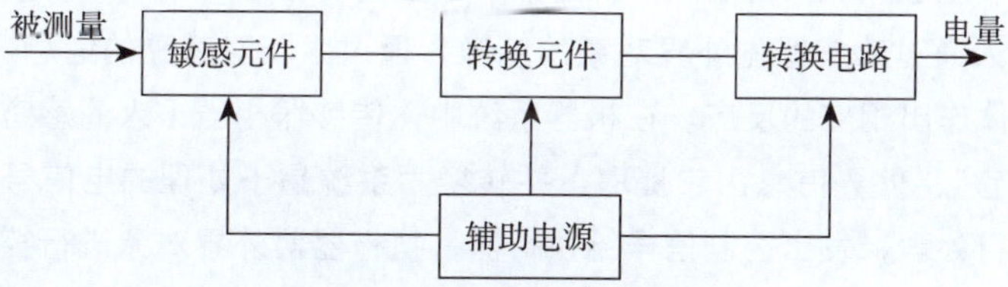

图1-1 传感器的组成框图

敏感元件：直接感受被测量，输出信号量。

转换元件：一般不感受被测量，将敏感元件的输出变为电量输出，有时也直接感受被测量，如热电偶传感器。

转换电路：将传感元件输出的电量转变为便于显示、记录、处理、控制的有用电信号，也叫信号调节与转换电路，有电桥、放大器、振荡器、电荷放大器等（因传感器种类而异）。由于空间的限制或者其他原因，转换电路常装入后续设备中。然而，因为不少传感器要在通过转换电路后才能输出电信号，从而决定了转换电路是传感器的组成环节之一。

辅助电源：为传感器各元件和电路提供工作能源。有的传感器需要外加电源才能工作，例如应变片组成的电桥、差动变压器等；有的传感器则不需要外加电源便能工作，例如压电晶体等。

进入传感器的被测量信号幅度是很小的，而且混杂了干扰信号和噪声。为了方便随后的处理过程，首先要将信号整理成具有最佳特性的波形，有时还需要将信号线性化，该工作是由放大器、滤波器以及其他一些模拟电路完成的。在某些情况下，这些电路的一部分是和传感器部件直接相邻的，成形后的信号随后转换成数字信号，并输入微处理器。

但是，不是所有传感器都能明显分清敏感元件与转换元件两个部分，而是两者合为一体。例如半导体气体、湿度传感器等，它们一般都是将感受的被测量直接转换为电信号，没有中间转换环节。实际上，有些传感器很简单，有些则较复杂，大多数传感器是开环系统，也有些是带反馈的闭环系统。最简单的传感器由一个敏感元件（兼转换元件）组成，它感受被测量时直接输出电量，如热电偶。有些传感器由敏感元件和转换元件组成，没有转换电路，如压电式加速度传感器，其中质量块是敏感元件，压电片（块）是转换元件。有些传感器，转换元件不止一个，要经过若干次转换。

4. 人与机器的机能对应关系

人们常将传感器的功能与人类五大感觉器官相比拟，如：

光敏传感器——自然人的视觉；

声敏传感器——自然人的听觉；

气敏传感器——自然人的嗅觉；

化学传感器——自然人的味觉：

压敏、温敏、流体传感器——自然人的触觉。

自然人通过感官感觉外界对象的刺激，通过大脑对感受的信息进行判断、处理，肢体作出相应的反应。在机器系统中，传感器相当于人的感官，常被称为“电五官”，外界信息由它提取，并转换为系统易于处理的电信号，微机对电信号进行处理，发出控制信号给执行器，执行器对外界对象进行控制。人与机器的机能对应关系如图1-2所示。

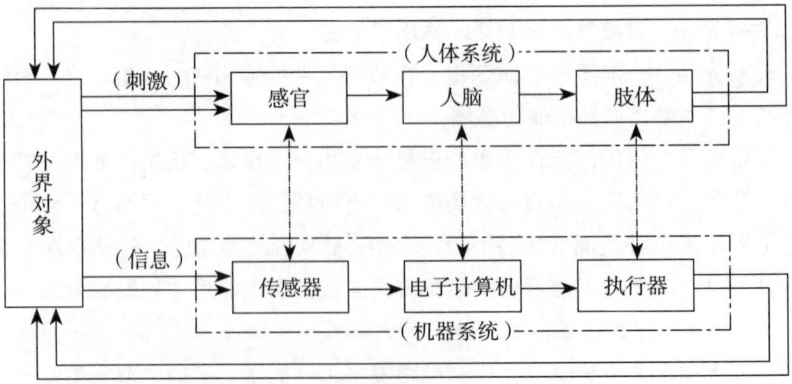

图1-2　人与机器的机能对应关系

与现在的传感器相比，人类的感觉能力好得多，但也有一些传感器比人的感觉功能优越，例如人类没有能力感知紫外线或红外线辐射，感觉不到电磁场、无色无味的气体等。

5. 传感器的命名代号

传感器的命名代号由四部分构成。

第一部分：主称（传感器），用传感器汉语拼音的第一个大写字母C标记。

第二部分：被测量代号——被测量的物理、化学、生物学原理规定的符号，用一个或两个汉语拼音的第一个大写字母标记。当这组代号与该部分的另一个代号重复时，则取汉语拼音的第二个大写字母作代号，以此类推。当被测量为离子、粒子或气体时，可用其元素符号、粒子符号或分子式加括号表示。

第三部分：转换原理代号——被测量转换机理的规定符号，用一个或两个汉语拼音的第一个大写字母标记。当这组代号与该部分的另一个代号重复时，则用其汉语拼音的第二个大写字母代替，以此类推。

第四部分：序号，用阿拉伯数字表示。序号可表征产品设计特性、性能参数、产品系列等。

四部分代号表述格式如下：

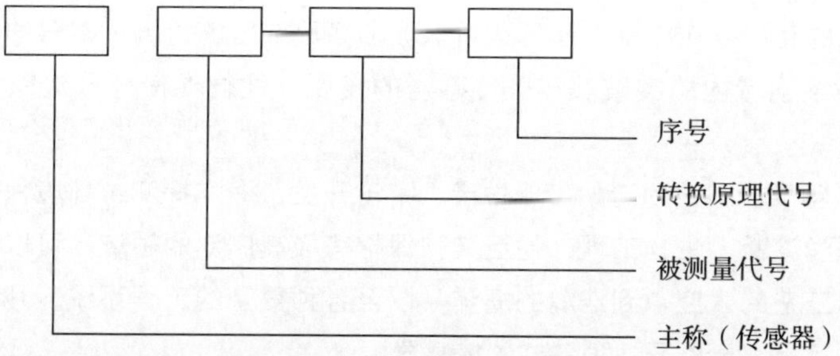

例如，应变式位移传感器：

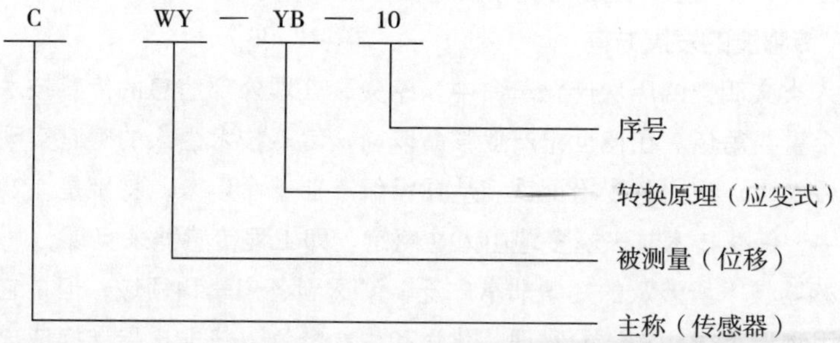

6. 传感器的地位和作用

人们为了从外界获取信息，必须借助于感觉器官，而单靠人们自身的感觉器官，在研究自然现象和规律以及生产活动中它们的功能就远远不够了。为适应这种情况，就需要传感器。因此可以说，传感器是人类五官的延长，又称之为电五官。

新技术革命的到来，世界开始进入信息时代。在利用信息的过程中，首先要解决的就是要获取准确可靠的信息，而传感器是获取自然和生产领域中信息的主要途径与手段。

在现代工业生产尤其是自动化生产过程中，要用各种传感器来监视和控制生产过程中的各个参数，使设备工作在正常状态或最佳状态，并使产品达到最好的质量。因此可以说，没有众多的优良的传感器，现代化生产也就失去了基础。

在基础学科研究中，传感器更具有突出的地位。现代科学技术的发展，进入了许多新领域：例如在宏观上要观察上千光年的茫茫宇宙，微观上要观察小到fm（飞米）级的粒子世界，纵向上要观察长达数十万年的天体演化，短到ms（毫秒）的瞬间反应。此外，还出现了对深化物质认识、开拓新能源、新材料等具有重要作用的各种极端技术研究，如超高温、超低温、超高压、超高真空、超强磁场、超弱磁场等。显然，要获取大量人类感官无法直接获取的信息，没有相适应的传感器是不可能的。许多基础科学研究的障碍，首先就在于对象信息的获取存在困难，而一些新机理和高灵敏度的检测传感器的出现，往往会导致该领域内的突破。一些传感器的发展，往往促使一些边缘学科得以开发。

传感器早已渗透到诸如工业生产、宇宙开发、海洋探测、环境保护、资源调查、医学诊断、生物工程、甚至文物保护等极其广泛的领域。可以毫不夸张地说，从茫茫的太空，到浩瀚的海洋，以至各种复杂的工程系统，几乎每一个现代化项目，都离不开各种各样的传感器。

由此可见，传感器技术在发展经济、推动社会进步方面的重要作用，是十分明显的。世界各国都十分重视这一领域的发展。相信不久的将来，传感器技术将会出现一个飞跃，达到与其重要地位相称的新水平。

7. 传感器的发展方向

在人类文明史的历次产业革命中，感受、处理外部信息的传感技术一直扮演着一个重要角色。在18世纪产业革命以前，传感技术由人的感官实现：人观天象而授农时，察火色以冶钢铁。从18世纪产业革命以来，特别是在20世纪信息革命中，传感技术越来越多地由人造感官，即工程传感器来实现。

传感器技术所涉及的知识非常广泛，渗透到各个学科领域，但是它们的共性是利用物理定律和物质的物理、化学和生物特性，将非电量转换成电量。所以如何采用新技术、新工艺、新材料以及探索新理论达到高质量的转换，开发和应用传感器是总的发展途径。

当今，传感器技术的主要发展动向：一是开展基础研究，重点研究传感器的新材料和新工艺；二是实现传感器的微型化、阵列化、集成化和智能化。

（1）发现和应用新科技。利用物理现象、化学反应和生物效应设计制作各种用途的传感器，是传感器技术的重要基础工作。因此，发现和应用新科技，其意义极为深远。

（2）开发新材料。传感器材料是传感器技术的重要基础，随着物理学和材料科学的进步，人们也有可能通过自由地控制制造出来的材料成分，从而设计制造出用于各种传感器的材料。

（3）发展微机械加工技术。微机械加工技术除全面继承氧化、光刻、扩散、淀积等微电子技术外，还发展了平面电子工艺技术、各向异性腐蚀和机械分断技术。当今平面电子工艺技术中引人注目的是利用薄膜制作快速响应传感器，其中用于检测NH_3和H_2S的快速响应传感器已较成熟。

（4）发展多功能传感器。研制能同时检测多种信号的传感器，已成为传感器技术发展的一个重要方面。例如，日本丰田研究所开发实验室研制成功了同时检测钠离子和氢离子的多离子传感器。

（5）仿生传感器。化学和生物战可能是这种传感器的主要应用领域，它在出现生物攻击时可瞬时识别可疑的病原体，食品工业也可利用它监视变质和污染的食品。例如，检验员只要将传感器在肉上擦一下，就可探测出是否存在大肠杆菌等危险的病原体。此外，还可在食品包装袋上附上这样的传感器条，顾客可以根据颜色的变化判断食品是否变质。

（6）智能化传感器。智能化传感器是一种具有判断能力、学习能力的传感器。实际上是一种带微处理器的传感器，它具有检测、判断和信息处理功能。

智能化传感器的代表是美国霍尼威尔公司的ST-3000型智能传感器，它是一种带有微处理器的兼有检测和信息处理功能的传感器。

同一般传感器相比，智能式传感器有以下几个显著特点：

① 精度高。由于智能化传感器具有信息处理的功能，因此通过软件不仅可以修正各种确定性系统误差（如传感器输入输出的非线性误差、温度误差、零点误差、正反行程误差等），还可以适当地补偿随机误差，降低噪声，从而使传感器的精度大大提高。

② 稳定、可靠性好。它具有自诊断、自校准和数据存储功能，对于智能结构系统还有自适应功能。

③ 检测与处理方便。它不仅具有一定的可编程自动化能力，可根据检测对象或条件的改变，方便地改变量程及输出数据的形式等，而且输出数据可通过串行或并行通讯线直接送入远程计算机进行处理。

④ 功能广。不仅可以实现多传感器多参数综合测量，扩大测量与使用范围，而且可以有多种形式输出（如RS232串行输出，PIO并行输出，IEEE-488总线输出以及经D／A转换后的模拟量输出等）。

⑤ 性能价格比高。在相同精度条件下，多功能智能化传感器与单一功能

的普通传感器相比，其性能价格比高，尤其是在采用比较便宜的单片机后更为明显。

三、任务分析

从量值变换这个观点出发，对每一种（物理）效应都可在理论上或原理上构成一类传感器，因此，传感器的种类繁多。在对非电量的测试中，有的传感器可以同时测量多种参量，而有时对一种物理量又可用多种不同类型的传感器进行测量。目前采用较多的传感器分类方法主要有以下几种。

1. 按被测物理量分类

传感器按被测物理量分为：温度、压力、位移、转速、加速度、位置、湿度、气体、流量、转速等传感器。这种方法明确表明了传感器的用途，便于使用者选择，如位移传感器用于位移测量等。

2. 按传感器工作原理分类

传感器按工作原理分为：应变式传感器、电容式传感器、电感式传感器、压电式传感器、热电式传感器、磁电式传感器等。这种方法表明了传感器的工作原理，有利于传感器学习和设计，如电感式传感器、电容式传感器等。

3. 按传感器转换能量的情况分类

（1）能量转换型。又称发电型，不需外加电源而被测能量转换成电能输出，这类传感器有压电式、热电偶、光电池等。

（2）能量控制型。又称参量型，需外加电源才能输出电能量。这类传感器有电阻、电感、霍尔式等传感器，以及热敏电阻、光敏电阻、湿敏电阻等。

4. 按传感器工作机理分类

（1）结构型。被测参数变化引起传感器的结构变化，使输出电量变化，利用物理学中场的定律和运动定律等构成，如电感式、电容式。

（2）物性型。利用某些物质的某种性质随被测参数变化的原理构成。传感器的性能和材料密切相关，如压电传感器、各种半导体传感器等。

5. 按传感器输出信号的形式分类

（1）模拟式。传感器输出为模拟量。

（2）数字式。传感器输出为数字量，如编码器式传感器。

四、任务实施

（1）带领学生去传感器实训室认识各种各样的传感装置。

（2）要求学生学会区分不同传感器的类型。

各种各样的传感装置

五、知识拓展

环境给传感器造成的影响

（1）高温环境对传感器造成涂覆材料熔化、焊点开化、弹性体内应力发生结构变化等问题。对于高温环境下工作的传感器常采用耐高温传感器；另外，必须加有隔热、水冷或气冷等装置。

（2）粉尘、潮湿对传感器造成短路的影响。在此环境条件下应选用密闭性很高的传感器。不同的传感器其密封的方式是不同的，其密闭性存在着很大差异。

常见的密封有密封胶充填或涂覆；橡胶垫机械紧固密封；焊接（氩弧焊、等离子束焊）和抽真空充氮密封。

从密封效果来看，焊接密封为最佳，充填、涂覆密封胶为最差。对于室内干净、干燥环境下工作的传感器，可选择涂胶密封的传感器，而对于一些在潮湿、粉尘性较高的环境下工作的传感器，应选择膜片热套密封或膜片焊接密封、抽真空充氮的传感器。

（3）在腐蚀性较高的环境下，如潮湿、酸性对传感器造成弹性体受损或产生短路等影响，应选择外表面进行过喷塑或不锈钢外罩，抗腐蚀性能好且密闭性好的传感器。

（4）电磁场对传感器输出紊乱信号的影响。在此情况下，应对传感器的屏蔽性进行严格检查，看其是否具有良好的抗电磁能力。

（5）易燃、易爆不仅对传感器造成彻底性的损害，而且还给其他设备和人身安全造成很大的威胁。因此，在易燃、易爆环境下工作的传感器，对其防爆性能提出了更高的要求：在易燃、易爆环境下必须选用防爆传感器，这种传感器的密封外罩不仅要考虑其密闭性，还要考虑到防爆强度，以及电缆线引出头的防水、防潮、防爆性等。

六、思考与练习

1. 填空

（1）__________是能够感受规定的被测量并按一定规律和精度转换成可用输出信号的器件或装置。

（2）传感器的组成中，__________可以直接感受被测量，输出信号量；__________可以将敏感元件的输出变为电量输出。

（3）传感器相当于人的感官，常被称为__________。

2. 问答

（1）画出传感器的组成框图。

（2）简述传感器的分类方法。

任务二　传感器的静、动态特性测试

一、任务描述

传感器是实现传感功能的基本部件，传感器的输入–输出关系特性是传感器的基本特性，也是传感器的内部参数作用关系的外部特性表现，不同的传感器内部结构参数决定了它具有不同的外部特性。

二、任务资讯

传感器所测量的物理量基本上有两种形式：稳态（静态或准静态）和动态（周期变化或瞬态）。前者的信号不随时间变化（或变化很缓慢）；后者的信号是随时间变化而变化的。传感器就是要尽量准确地反映输入物理量的状态，因此传感器所表现出来的输入–输出特性也就不同，即存在静态特性和动态特性。

三、任务分析

1. 传感器的静态特性

传感器的静态特性是在稳态信号作用下的输入–输出特性，即输入量是静态量，输出量是输入量的确定函数。

静态特性的表示方法：

1）代数多项式。如果不考虑传感器特性中的迟滞及蠕变等性质，或者传感器虽然有迟滞及蠕变等但仅考虑其理想的平均特性时，其特性方程在多数情况下可以写成如下的代数多项式形式：

$$Y=a_0+a_1x+a_2x^2+\cdots+a_nx^n$$

2）曲线表示。曲线能表示出传感器特性的变化趋势以及何处有最大或最小的输出，何处传感器灵敏度高，何处低。当然，也能通过其特性曲线，粗略地判别出是线性或非线性传感器。

3）列表表示。列表法就是把传感器的输入–输出数据按一定的方式顺序地排列在一个表格之中。列表的优点是：简单易行、形式紧凑、数据易于进行数量上的比较、便于进行其他处理，如绘制曲线、进行曲线拟合、进行插值计算，或求一组数据的差分或差商等。

2. 静态性能指标

（1）灵敏度。传感器在静态工作条件下，其单位输入所产生的输出，称为灵敏度，或更严格地说为静态灵敏度（S），如图1–3所示。

$$S=\lim_{\Delta x\to 0}\left(\frac{\Delta Y}{\Delta X}\right)=\frac{dY}{dX}$$

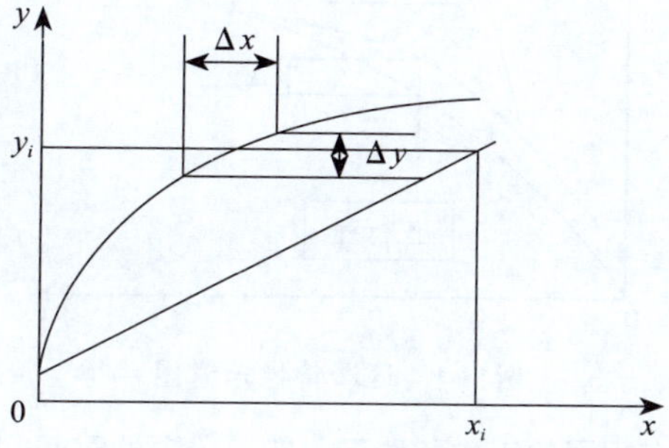

图1-3　灵敏度定义

（2）线性度。人们总是希望传感器的输出与输入关系具有线性特性，但实际上由于传感器存在着迟滞、蠕变、摩擦、间隙和松动等各种因素，以及外界条件的影响，使其输入-输出特性总是具有不同程度的非线性。

传感器的输入-输出校准曲线与理论拟合直线之间的最大偏离与传感器满量程输出之比，称为该传感器的“非线性误差”或“线性度”，通常用相对误差δ_L表示其大小，即

$$\delta_L=\pm\frac{\varDelta_{\max}}{Y_{FS}}\times 100\%$$

式中：$\varDelta_{\max}$为校准曲线与理想拟合直线之间的最大偏差；Y_{FS}为传感器满量程输出平均值。

线件度又可分为：

1）绝对线性度：有时又称理论线性度，为传感器的实际平均输出特性曲线对在其量程内事先规定好的理论直线的最大偏差，以传感器的满量程输出的百分比来表示。

2）端基线性度；传感器实际平均输出特性曲线对端基直线的最大偏差，以传感器的满量程输出的百分比来表示。端基直线则定义为由传感器量程所决定的实际平均输出特性首、末两端点的连线。

3）零基线性度：传感器实际、平均输出特性曲线对零基直线的最大偏差，以传感器的满量程输出的百分比来表示。而零基直线则定义为这样一条直线，它位于传感器的量程内，但可通过或延伸通过传感器的理论零点，并可改变其斜率，以把最大偏差减至最小。

4）独立线性度：作两条与端基直线平行的直线，使之恰好包围所有的标定点，以与二直线等距离的直线作为拟合直线。

5）最小二乘线性度：用最小二乘法求得校准数据的理论直线。

（3）迟滞。对于某一输入量，传感器在正行程时的输出量不同于其在反行

程时在同一输入量下的输出量，这一现象称为迟滞，如图1-4所示。

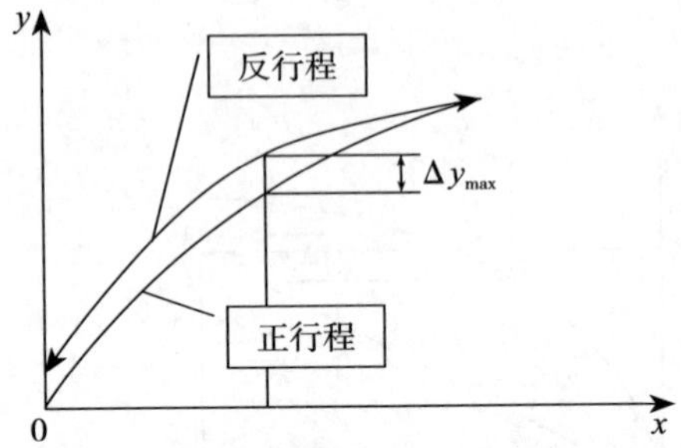

图1-4　迟滞特性示意图

（4）重复性。在相同的工作条件下，在一段短的时间间隔内，输入量从同一方向作满量程变化时，同一输入量值所对应的连续先后多次测量所得的一组输出量值，它们之间相互偏离的程度称为传感器的重复性。

（5）稳定性。稳定性表示传感器在一个较长的时间内保持其性能参数的能力。理想的情况是，不管什么时候传感器的灵敏度等特性参数不随时间变化。但实际上，随着时间的推移，大多数传感器的特性会改变。这是因为传感元件或构成传感器部件的特性随时间发生变化，产生一种经时变化的现象。

3. 动态特性

在对动态物理量（如机械振动的波形）进行测试时，测试装置的输出变化是否能真实地反映输入变化，取决于测试装置的动态响应特性。系统的动态响应特性一般通过描述系统传递函数、频率响应函数等数学模型来进行研究。

（1）传递函数。对线性测量系统，输入$x(t)$和输出$y(t)$之间的关系可以用常系数线性微分方程来描述

$$a_n y^{(n)}(t)+a_{n-1}y^{(n-1)}(t)+\cdots+a_1 y^{(1)}(t)+a_0 y^{(0)}(t)=$$
$$b_n x^{(n)}(t)+b_{n-1}x^{(n-1)}(t)+\cdots+b_1 x^{(1)}(t)+b_0 x^{(0)}(t)$$

但直接考察微分方程的特性比较困难。如果对微分方程两边取拉普拉斯变换，建立与其对应的传递函数的概念，就可以更简便、有效地描述测试系统特性与输入、输出的关系。对微分方程两边取拉普拉斯变换，得

$$(a_n s^n+a_{n-1}s^{n-1}+\cdots+a_1 s+a_0)Y(s)=(b_n s^n+b_{n-1}s^{n-1}+\cdots+b_1 s+b_0)X(s)$$

定义传递函数$H(s)=Y(s)/X(s)$，则有

$$H(s)=\frac{Y(s)}{X(s)}=\frac{b_m s^m+b_{m-1}s^{m-1}+\cdots+b_1 s+b_0}{a_n s^n+a_{n-1}s^{n-1}+\cdots+a_1 s+a_0}$$

传递函数与微分方程两者完全等价，可以相互转化。考察传递函数所具有的基本特性，比考察微分方程的基本特性要容易得多。这是因为传递函数是一个代数有理分式函数，其特性容易识别与研究。

传递函数有以下几个特点：

1）$H(s)$和输入$x(t)$的具体表达式无关。传递函数$H(s)$用于描述系统本身固

有的特性，与$x(t)$的表达式无关。$x(t)$不同时，$y(t)$的表达式也不同，但二者拉普拉斯变换的比值始终保持为$H(s)$。

2）不同的物理系统可以有相同的传递函数。各种具体的物理系统，只要具有相同的微分方程，其传递函数也就相同，即同一个传递函数可表示不同的物理系统。例如，液柱温度计和简单的RC低通滤波器同是一阶系统，具有相同的传递函数；动图式电表、振动子、弹簧－质量－阻尼系统和LRC振荡电路都是二阶系统，具有相同的传递函数。

3）传递函数与微分方程等价。由于拉普拉斯变换是一一对应变换，不丢失任何信息，故传递函数与微分方程等价。

（2）频率响应特性。考虑到拉普拉斯变换中，$s=\sigma+j\omega$，令$\sigma=0$，则有$s=j\omega$，将其代入$H(s)$，得到

$$H(j\omega)=\frac{Y(j\omega)}{X(j\omega)}$$

如将$H(j\omega)$的实部和虚部分开，有

$$H(j\omega)=P(\omega)+jQ(\omega)$$

其中，$P(\omega)$和$Q(\omega)$都是ω的实函数，以频率ω为横坐标，以$P(\omega)$和$Q(\omega)$为纵坐标所绘的图形分别称为系统的实频特性图与虚频特性图。又若将$H(j\omega)$写成

$$H(j\omega)=A(\omega)ej\varphi(\omega)$$

其中

$$A(j\omega)=|H(\omega)|=\sqrt{P^2(\omega)+Q^2(\omega)}$$

$$\varphi(\omega)=\arctan\frac{Q(\omega)}{P(\omega)}$$

用频率响应函数来描述系统的最大优点是它可以通过实验来求得。实验求得频率响应函数的原理，比较简单明了：依次用不同频率ω_i的简谐信号去激励被测系统，同时测出激励和系统的稳态输出的幅值X_i、Y_i和相位差φ_i。这样对于某个ω_i，便有了一组$Y_i/X_i=A_i$和φ_i，全部的$A_i-\omega_i$和$\varphi_i-\omega_i$，$i=1,2,3,\cdots$便可表达系统的频率响应函数。

也可在初始条件全为零的情况下，同时测得输入$x(t)$和输出$y(t)$，由其傅里叶变换$X(\omega)$和$Y(\omega)$求得频率响应函数$H(\omega)=Y(\omega)/X(\omega)$。

需要特别指出，频率响应函数是描述系统的简谐输入和相应的稳态输出的关系。因此，在测量系统频率响应函数时，应当在系统响应达到稳态阶段时才进行测量。

尽管频率响应函数是对简谐激励而言的，但如前所述，任何信号都可分解成简谐信号的叠加。因而在任何复杂信号输入下，系统频率特性也是适用的。这时，幅频、相频特性分别表征系统对输入信号中各个频率分量幅值的缩放能力和相位角前后移动的能力。

例如，求一阶系统的传递函数和频率响应函数。一阶系统的微分方程为

$$\tau\frac{\mathrm{d}y(t)}{\mathrm{d}t}+y(t)=x(t)$$

对上式两边取拉氏变换得

$$\tau sY(s)+Y(s)=X(s)$$

$$H(s)=\frac{Y(s)}{X(s)}=\frac{1}{\tau s+1}$$

令$s=j\omega$，代入上式，得频率响应函数

$$H(j\omega)=\frac{1}{j\omega\tau+1}=\frac{1}{1+(\omega\tau)^2}-j\frac{\omega\tau}{1+(\omega\tau)^2}$$

幅频特性为

$$\begin{aligned}A(\omega)&=|H(s)|\\&=\sqrt{\left(\frac{1}{1+(\omega\tau)^2}\right)^2+\left(\frac{\omega\tau}{1+(\omega\tau)^2}\right)^2}\\&=\sqrt{\frac{1}{(1+(\omega\tau))^2}+\frac{(\omega\tau)^2}{(1+(\omega\tau)^2)^2}}\\&=\frac{1}{\sqrt{1+(\omega\tau)^2}}\end{aligned}$$

相频特性

$$\begin{aligned}\varphi(\omega)&=\arctan\frac{-\frac{\omega\tau}{1+(\omega\tau)^2}}{\frac{1}{1+(\omega\tau)^2}}\\&=-\arctan(\omega\tau)\end{aligned}$$

传感器的常用术语

（3）脉冲响应函数。若装置的输入为单位脉冲$\delta(t)$，因单位脉冲$\delta(t)$的拉普拉斯变换为1，因此装置的输出$y(t)$的拉普拉斯变换必将是$H(s)$，即$Y(s)=H(s)$，或$y(t)=L-1[H(S)]$，并可以记为$h(t)$，常称它为装置的脉冲响应函数或权函数。脉冲响应函数可视为系统特性的时域描述（图1-5）。

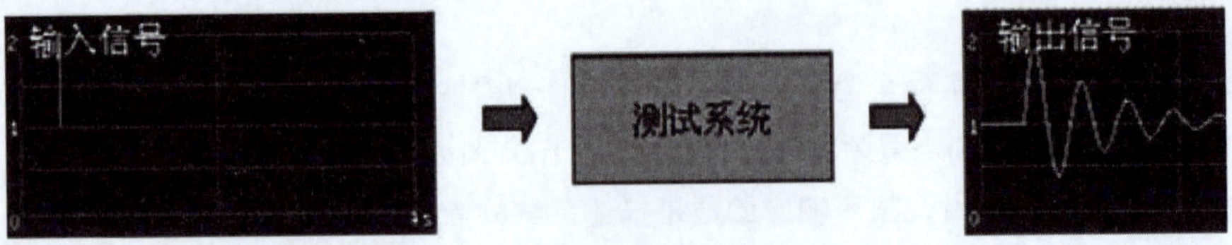

图1-5　二阶系统的脉冲输入和响应

四、任务实施

1. 目的要求

① 了解电阻应变仪的基本结构和使用方法。

② 熟悉测试装置静、动态特性（灵敏度、线性度、滞后度、幅频特性）及其简易测定方法。

2. 仪器设备

① 动态电阻应变仪。

② 等强度梁（或应力环）及加载装置（如砝码）。

③ 信号发生器、功率放大器、激振器。

④ 毫安表（或万用表）。

3. 实验原理

动态电阻应变仪是利用由应变片组成的电桥电路把随外力而发生的电阻变化转换成电流（或电压）的变化，且进一步放大，最后以足够的功率推动显示或记录仪器进行测试的专门仪器。它的灵敏度S是输入量Δy（如外力）与输出量Δx（如电流）的比值$\Delta y/\Delta x$；其线性度L计算的参考直线即为全量程输入时应变仪相应输出量值在输入—输出曲线图上的斜率线（两点连线法）。找出此斜率线与输入输出曲线的最大偏差值B_{max}，即可求得应变仪的线性度L（$L=B_{max}/A\times100\%$），其中A为输入全量程）。其滞后度M可通过输入升，降回程记录的输出值所作两输入——输出曲线间最大差值Δy_{max}求得，$M=(\Delta y_{max}/A)\times100\%$（$A$为输入全量程）。其幅频特性可用应变仪相应输出量（电流）随不同频率输入量（即激振力的频率）的变化关系来描述。

4. 实验步骤

（1）静态特性测定

① 了解电桥盒结构，把等强度梁（或应力环）上的电阻应变片按半桥或全桥形式接到电桥盒上，再把电桥盒接到应变上。

② 打开电源，进行平衡调节，衰减挡位从大到小，调节电阻平衡、电容平衡，直到衰减为“1”。调好平衡后不能在加载及卸载过程中再动平衡旋钮。

③ 加载装置给等强度梁（或应力环）加载、卸载。如用砝码50g、100g、150g、200g、150g、100g、50g，0g，将各加载、卸载时应变仪输出的读数（mA或$\mu\varepsilon$）记入表1-1（重复加载、卸载三次）。

表1-1

载荷/g			0	50	100	150	200	150	100	50	0
半桥或全桥（mA或$\mu\varepsilon$）	1										
	2										
	3										
	平均										

④ 根据表1-1中三次输出的平均值画出mA-g或$\mu\varepsilon$-g曲线，并根据灵敏度，线性度，滞后度的定义和计算公式分别求出上述工作情况下的应变仪静态特性参数值。

（2）幅频特性的测定

① 熟悉信号发生器，功率放大器，激振器的使用方法。

② 连接各仪器，并调节激振器柔性杆与应力环（或等强度梁）的相对位置，使其处于良好工作状态。检查各仪器开关、旋钮位置：所有电源开关应在关位置，信号发生器及功率放大器的输出旋钮应在最小位置。功率放大器的“恒压，恒流”开关应在“恒压”位置，并把YD-21型应变仪的频率挡位拨至30Hz处。

③ 电阻应变仪调平衡。

④ 拨动功率放大器及信号发生器电源开关使其处于通的位置。

⑤ 将信号发生器频率调至10Hz，并调节“输出细调”旋钮，使电压显示1V。

⑥ 缓慢转动功率放大器的输出旋钮，使激振器起振，然后使“输出旋钮”固定在某一位置。记下万用表的读数，填入表1-2。

表1-2

	10	15	25	30	35	40	45
1							
2							
3							
平均							

⑦ 依次改变信号发生器的频率为15、20、25、30、35、40、45Hz，记下各次在万用表上的相应读数填入表1-2（重复三次）。在每次改变频率时均不得调节功率放大器的输出旋钮，并使信号发生器的输出电压始终保持1V。

⑧ 根据表1-2数据算出平均值。并画出应变仪的幅频特性图。

5. 讨论

（1）应变仪的幅频特性对测量误差有何影响?

（2）测定应变仪特性参数时对其他所用仪器的性能有何要求?

五、知识拓展

传感器技术特点

中国传感器产业正处于由传统型向新型传感器发展的关键阶段，它体现了新型传感器向微型化、多功能化、数字化、智能化、系统化和网络化发展的总趋势。传感器技术历经了多年的发展，其技术的发展大体可分三代：

第一代是结构型传感器，它利用结构参量变化来感受和转化信号。

第二代是20世纪70年代发展起来的固体型传感器，这种传感器由半导体、电介质、磁性材料等固体元件构成，是利用材料的某些特性制成，如利用热电效应、霍尔效应、光敏效应，分别制成热电偶传感器、霍尔传感器、光敏传感器。

第三代传感器是刚刚发展起来的智能型传感器，是微型计算机技术与检测技术相结合的产物，使传感器具有一定的人工智能。

六、思考与练习

1. 填空

（1）传感器所测量的物理量基本上有两种形式：________和________。

（2）________的信号不随时间变化（或变化很缓慢）；________的信号是随时间变化而变化的。

（3）传感器在静态工作条件下，其单位输入所产生的输出，称为________。

2. 问答

（1）什么是传感器的静态特性？

（2）静态特性指标包括哪几个方面？

项目二　力和压力的测量

在现代生产与生活中测量力与压力一般会采用电阻式传感器。电阻式传感器的种类繁多，应用广泛，其基本原理是将被测物理量的变化转换成电阻值的变化，再经相应的测量电路而最后显示被测量值的变化。电阻式传感器与相应的测量电路组成的测力、测压、称重、测位移、测加速度、测扭矩、测温度等测试系统，已成为生产过程检测以及实现生产自动化不可缺少的手段之一。

任务一　电阻应变片式传感器的重量测量

一、任务描述

电阻应变片式压力传感器是一种利用弹性敏感元件和应变计将被测压力转化为相应电阻值变化的压力传感器，广泛应用于自动控制，质量控制，称重系统，纺织机械的闭环控制等（图2-1）。

应变片式称重传感器对于不同量程可采用不同的应变结构，如弹簧片式（小量程几千克），悬臂梁式（中量程几十到几百千克），柱式（大量程可到上百吨）。

图2-1　电阻应变片式压力传感器的应用案例

电阻应变片式称重传感器是基于这样一个原理：弹性体（弹性元件，敏感梁）在外力作用下产生弹性变形，使粘贴在它表面的电阻应变片（转换元件）也随同产生变形，电阻应变片变形后，它的阻值将发生变化（增大或减小），再经相应的测量电路把这一电阻变化转换为电信号（电压或电流），从而完成了将外力变换为电信号的过程。

由此可见，电阻应变片、弹性体和检测电路是电阻应变式称重传感器中不可缺少的几个主要部分。

二、任务资讯

1. 电阻应变片的结构

电阻应变片品种繁多，形式多样，但常用的应变片可分为两类：金属电阻应变片和半导体电阻应变片。半导体应变片由单晶半导体经切型、切条、光刻腐蚀成形，然后粘贴在薄的绝缘基片上，最后再加上保护层。但半导体应变片重复性、温度及时间稳定性差，在此不进行详细介绍。

金属应变片由敏感栅、基片、引线、覆盖层和黏合剂等部分组成，如图2–2所示。

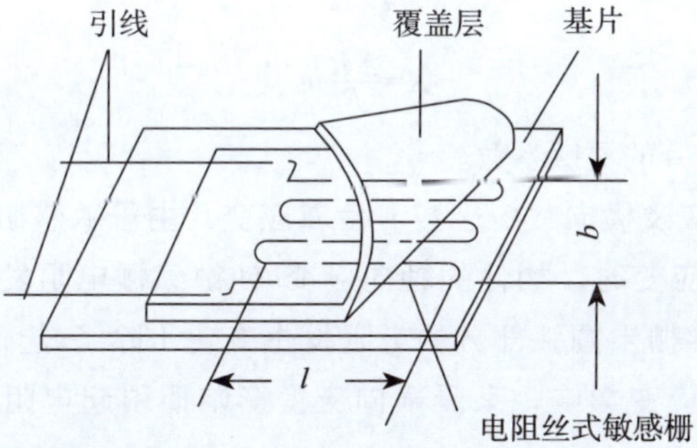

图2–2　金属电阻应变片的结构示意图

（1）敏感栅。它是实现应变–电阻转换的敏感元件。敏感栅是应变片的核心部分，通常由直径为0.015～0.05mm的金属丝绕成栅状，或用金属箔腐蚀成栅状。它粘贴在绝缘的基片上，其上再粘贴起保护作用的覆盖层，两端焊接引出导线。金属电阻应变片的敏感栅有丝式、箔式和薄膜式三种。

1）金属丝式应变片。有回线式和短接式两种。回线式最为常用，制作简单，性能稳定，成本低，易粘贴，但横向效应较大。

2）金属箔式应变片。利用照相制版或光刻技术将厚0.003～0.01mm的金属箔片制成所需图形的敏感栅，也称为应变花。其优点是散热条件好，允许通过的电流较大，可制成各种所需的形状，便于批量生产。

3）薄膜应变片。采用真空蒸发或真空沉淀等方法在薄的绝缘基片上形成

0.1μm以下的金属电阻薄膜的敏感栅，最后再加上保护层。它的优点是应变灵敏度系数大，允许电流密度大，工作范围广。

（2）基片。为保持敏感栅固定的形状、尺寸和位置，通常用黏结剂将其固结在纸质或胶质的基片上。基片必须很薄，一般为0.02～0.04mm。

（3）引线。起着敏感栅与测量电路之间的过渡连接和引导作用。通常取直径0.1～0.15mm的低阻镀锡铜线，并用钎焊与敏感栅端连接。

（4）覆盖层。用纸、胶做成覆盖在敏感栅上的保护层；起着防潮、防蚀、防损等作用。

（5）黏结剂。制造应变片时，用它分别把覆盖层和敏感栅固结于基底；使用应变片时，用它把应变片基底粘贴在试件表面的被测部位。因此它也起着传递应变的作用。

2. 电阻应变片的主要特性

（1）灵敏度系数。金属应变丝的电阻相对变化与它所感受的应变之间具有线性关系，用灵敏度系数K_0表示。当金属丝做成应变片后，其电阻—应变特性，与金属单丝情况不同。因此，须用实验方法对应变片的电阻—应变特性重新测定。实验表明，金属应变片的电阻相对变化与应变ε在很宽的范围内均为线性关系。即

$$\frac{\Delta R}{R}=K\varepsilon$$

$$K=\frac{\Delta R}{R}/\varepsilon$$

K为金属应变片的灵敏系数。

（2）横向效应及横向效应因数。金属应变片由于敏感栅的两端为半圆弧形的横栅，测量应变时，构件的轴向应变ε使敏感栅电阻发生变化，其横向应变ε_r也将使敏感栅半圆弧部分的电阻发生变化（除了ε起作用外），应变片的这种既受轴向应变影响，又受横向应变影响而引起电阻变化的现象称为横向效应。

若敏感栅有n根纵栅，每根长为l，半径为r，在轴向应变ε作用下，全部纵栅的变形视为ΔL_1

$$\Delta L_1=nl\varepsilon$$

半圆弧横栅同时受到ε和ε_r的作用，在任一微小段长度$\mathrm{d}l=r\,\mathrm{d}\theta$上的应变$\varepsilon_\theta$可由材料力学公式求得

$$\varepsilon_\theta=\frac{1}{2}(\varepsilon+\varepsilon_r)+\frac{1}{2}(\varepsilon-\varepsilon_r)\cos 2\theta$$

每个圆弧形横栅的变形量Δl为

$$\Delta l=\int_0^{\pi r}\varepsilon_\theta \mathrm{d}l=\int_0^{\pi}\varepsilon_\theta r\mathrm{d}\theta=\frac{\pi r}{2}(\varepsilon+\varepsilon_r)$$

纵栅为n根的应变片共有$n-1$个半圆弧横栅，全部横栅的变形量为

$$\Delta L_2=\frac{(n-1)\pi r}{2}(\varepsilon+\varepsilon_r)$$

应变片敏感栅的总变形为

$$\Delta L=\Delta L_1+\Delta L_2=\frac{2nl+(n-1)\pi r}{2}\varepsilon+\frac{(n-1)\pi r}{2}\varepsilon_r$$

敏感栅栅丝的总长为L，敏感栅的灵敏系数为K_S，则电阻相对变化为

$$\frac{\Delta R}{R}=K_S\frac{\Delta L}{L}=\frac{2nl+(n-1)\pi r}{2L}K_S\varepsilon+\frac{(n-1)\pi r}{2L}K_S\varepsilon_r$$

令

$$K_y=\frac{(n-1)\pi r}{2L}K_S K_x=\frac{2nl+(n-1)\pi r}{2L}K_S$$

则

$$\frac{\Delta R}{R}=K_x\varepsilon+K_y\varepsilon_r$$

可见，敏感栅电阻的相对变化分别是ε和ε_r作用的结果。

当$\varepsilon_r=0$时，可得轴向灵敏度系数

$$K_x=(\frac{\Delta R}{R})_x/\varepsilon$$

同样，当$\varepsilon=0$时，可得横向灵敏度系数

$$K_y=(\frac{\Delta R}{R})_y/\varepsilon_r$$

横向灵敏系数与轴向灵敏系数的比值，称为横向效应因数H。即

$$H=\frac{K_y}{K_x}=\frac{(n-1)\pi r}{2nl+(n-1)\pi r}$$

可见，r越小，l越大，则H越小。即敏感栅越窄、基长越长的应变片，其横向效应引起的误差越小。

（3）机械滞后。应变片粘贴在被测试件上，当温度恒定时，其加载特性与卸载特性不重合，即为机械滞后（图2-3）。

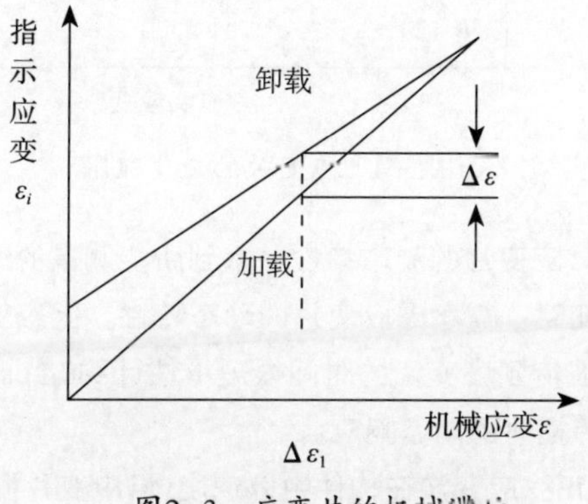

图2-3　应变片的机械滞后

产生原因：应变片在承受机械应变后，其内部会产生残余变形，使敏感栅电阻发生少量不可逆变化。

机械滞后值还与应变片所承受的应变量有关，加载时的机械应变越大，卸载时的滞后也越大。所以，通常在实验之前应将试件预先加、卸载若干次，以减少因机械滞后所产生的实验误差。

（4）零点漂移和蠕变。对于粘贴好的应变片，当温度恒定时，不承受应变时，其电阻值随时间增加而变化的特性，称为应变片的零点漂移。零点漂移的产生是由于敏感栅通电后的温度效应、应变片的内应力逐渐变化、黏结剂固化不充分等原因。

如果在一定温度下，使应变片承受恒定的机械应变，其电阻值随时间增加而变化的特性称为蠕变。一般蠕变的方向与原应变量的方向相反。蠕变产生原因是胶层之间发生“滑动”，使力传到敏感栅的应变量逐渐减少。

这是两项衡量应变片特性对时间稳定性的指标，在长时间测量中其意义更为突出。实际上，蠕变中包含零点漂移，它是一个特例。

（5）应变极限。在一定温度下，应变片的指示应变对测试值的真实应变的相对误差不超过规定范围（一般为10%）时的最大真实应变值。在图2-4中，真实应变是由于工作温度变化或承受机械载荷，在被测试件内产生应力（包括机械应力和热应力）时所引起的表面应变。

影响应变极限的主要因素有黏结剂和基底材料传递变形的性能及应变片的安装质量。制造与安装应变片时，应选用抗剪强度较高的黏结剂和基底材料。基底和黏结剂的厚度不宜过大，并应经过适当的固化处理，才能获得较高的应变极限。

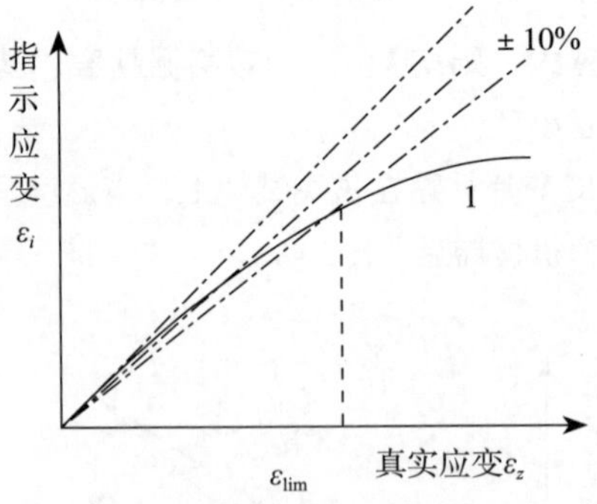

图2-4　应变片的应变极限

（6）动态特性。应变片的动态特性关系到所能测量的动态应变的频率。当测量频率很高的应变时，需考虑应变片的动态特性。因应变片基底和粘贴胶层很薄，构件的应变波传到应变片的时间很短（估计约0.2μs），故只需考虑应变沿应变片栅长方向传播时的动态响应。

设一频率为f的正弦应变波在构件中以速度v沿应变片栅长方向传播，在t时刻，应变量沿构件分布如图2-5所示。

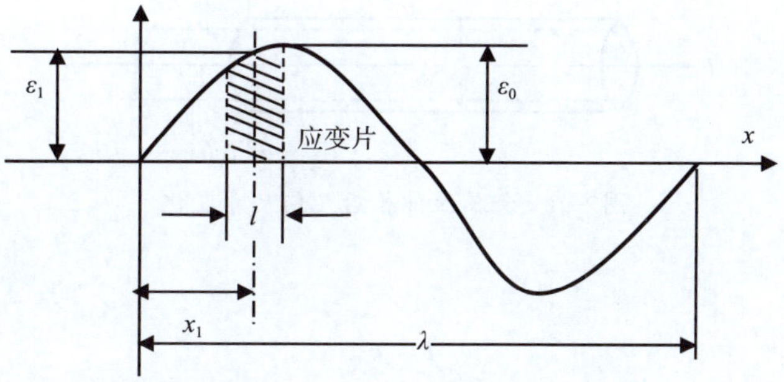

图2-5 应变片对应变波的动态响应

设应变波波长为λ，则有$\lambda=v/f$。应变片栅长为l，t瞬时应变波沿构件分布为

$$\varepsilon(x)=\varepsilon_0\sin\frac{2\pi}{\lambda}x$$

应变片中点的应变为

$$\varepsilon_t=\varepsilon_0\sin\frac{2\pi}{\lambda}x_t$$

x_t为t瞬时应变片中点的坐标。由应变片测得的应变为栅长 l 范围内的平均应变ε_m，其数值等于l范围内应变波曲线下的面积除以l，即

$$\varepsilon_m=\frac{1}{l}\int_{x_t-\frac{l}{2}}^{x_t+\frac{l}{2}}\varepsilon_0\sin\frac{2\pi}{\lambda}x\mathrm{d}x=\varepsilon_0\sin\frac{2\pi}{\lambda}x_t\cdot\frac{\sin\frac{\pi l}{\lambda}}{\frac{\pi l}{\lambda}}$$

平均应变ε_m与中点应变ε_t相对误差δ为

$$\delta=\frac{\varepsilon_t-\varepsilon_m}{\varepsilon_t}=1-\frac{\varepsilon_m}{\varepsilon_t}=1-\frac{\sin\frac{\pi l}{\lambda}}{\frac{\pi l}{\lambda}}$$

当$l/\lambda<<1$时，将$\sin(\frac{\pi l}{\lambda})/(\frac{\pi l}{\lambda})$级数展开，略去高阶项，可得

$$\delta=-\frac{1}{6}(\frac{\pi l}{\lambda})^2=-\frac{1}{6}(\frac{\pi fl}{v})^2$$

可见，相对误差δ的大小只决定于$\frac{l}{\lambda}$的比值。

应变式压力计

三、任务分析

金属应变片的工作原理是基于电阻应变效应，即在金属丝产生机械变形时，它的电阻值相应发生变化。

应变效应：导体或半导体在受到外界力的作用时，产生机械变形，机械变形导致其阻值变化，这种因形变而使阻值发生变化的现象称为应变效应（图2-6）。

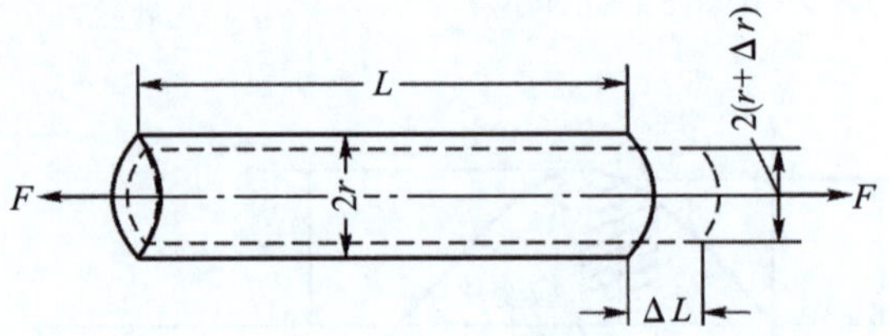

图2-6　金属丝伸长后几何尺寸变化

由

$$R=\rho\frac{L}{S}$$

两边取对数，微分后得

$$\frac{dR}{R}=\frac{d\rho}{\rho}+\frac{dL}{L}-\frac{dS}{S}$$

式中：$\frac{dR}{R}$——电阻的相对变化；$\frac{d\rho}{\rho}$——电阻率的相对变化；

$\frac{dL}{L}$——长度相对变化，令$\varepsilon=\frac{dL}{L}$为金属丝的轴向应变（纵向）；

$\frac{dS}{S}$——截面积的相对变化，$\frac{dS}{S}=2\cdot\frac{dr}{r}=2\varepsilon_r$，$\varepsilon_r$即为径向应变（横向）。

$\varepsilon_r=-\mu s$

又由
$$\frac{d\rho}{\rho}=C\frac{dV}{V}=C(1-2\mu)\varepsilon$$

所以，

$$\frac{dR}{R}=C(1-2\mu)\varepsilon+\varepsilon+2\mu\varepsilon=[\,(1+2\mu)+C(1-2\mu)\,]\cdot\varepsilon=K_S\varepsilon$$

电阻应变效应

K_S称为应变灵敏度系数，由两部分组成：一部分为几何尺寸引起，另一部分为电阻率变化引起；对特定的金属材料，在一定应变范围内为一常数。

四、任务实施

1. 目的要求

（1）学习电阻应变式传感器的基本原理、结构、特性和使用方法。

（2）测量比较几种应变式转换电路的输出特性和灵敏度。

（3）了解温度变化对应变测试系统的影响和温度补偿方法。

2. 仪器设备

CSY_{10A}型传感器系统实验仪。

3. 操作步骤

（1）箔式单臂电桥的性能

1）差动放大器调零，打开所用单元的电源开关，差放器增益置于100倍，并进行相关的其他调零处置，之后关闭电源。

2）按照图2-7的电路图连接实验所需的元件，组成箔式单臂电桥电路。

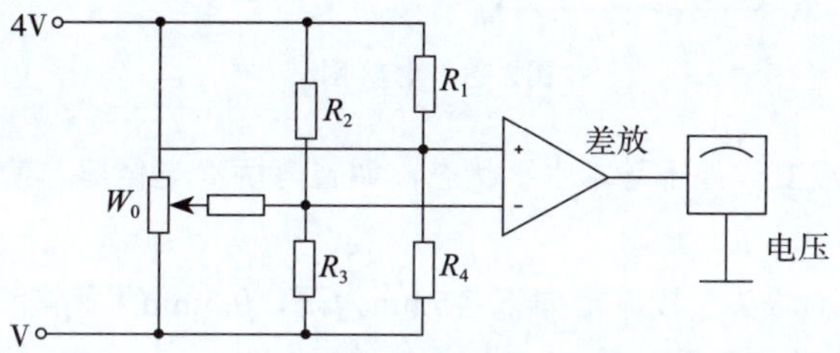

图2-7 箔式单臂电桥电路

3）调节悬臂梁头部铁心吸合的测微头，使应变梁处于基本水平状态。

4）确定连线无误以后，启动仪器电源并预热数分钟；调整电桥W_d电位器，使测试系统的输出为零。

5）旋动测微头，带动悬臂梁分别向上和向下运动各5mm，其中测微头每移动0.5mm记录一次差动放大器输出的电压值；然后画出$x-V$曲线，并计算桥路的灵敏度$kv=\Delta V/\Delta x$。

（2）箔式单臂、半桥、全桥电路的性能比较。连接电路部分分别使用上下梁的两个应变片，以构成半桥；或者全部使用应变片以构成全桥，并进行实验，记录数据。

在同一坐标上画出三种桥路的$x-V$曲线，并进行灵敏度的比较。

（3）箔式应变片的温度效应及应变电路的温度补偿

1）将差动器的部件调零。

2）连接所用的元件，并将差分放大器的输出端接毫伏表，将P-N结温度传感器接入传感端，V_i接数字电压表。数字电压表置于2V挡，显示环境的绝对温度。

3）开启仪器的电源并预热数分钟。调整电桥的W_d电位器，使测试系统的输出为零，并记录此时的温度T。

4）开启加热器电源，观察输出电压随温度上升所发生的变化，并记录多组数据，计算温度漂移$\Delta V/\Delta T$。

5）将$R4$换成与应变片处于同一个应变梁上的补偿片，重复以上实验数据，计算新的温度漂移并与之前的进行比较。

4. 半导体单臂和半桥电路性能的比较

（1）仪器调零，并按照电路图（图2-8）连接电路，R'是半导体应变片，R''是电桥上的固定电阻，直流激励电源为±2V；开启电源后预热数分钟。

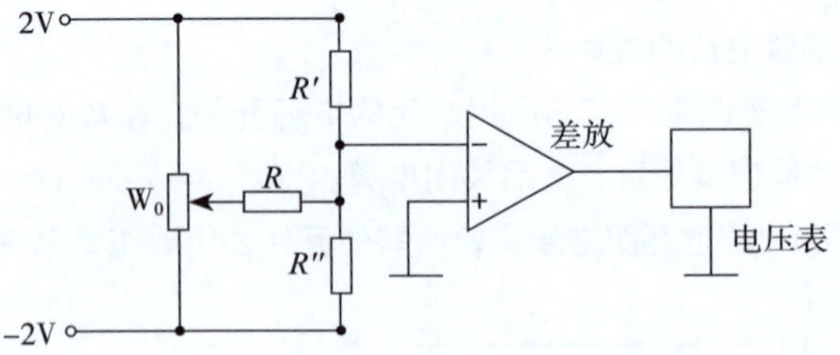

图2-8　电路图

（2）调节应变梁处于基本水平状态，调整电桥W_d电位器，使测试系统输出为零。

（3）旋动测微头，以向上向下各5mm为限，0.5mm为间隔记录数据x，V，并作x-V曲线，计算灵敏度。

（4）重新调整应变梁处于基本水平状态，并重新调整输出为零。用P-N结温度传感器测出系统的温度漂移。

（5）按照电路图（图2-9）连接半导体半桥双臂电路，半导体应变片处于同一桥侧，重复以上实验步骤，比较两种半导体桥路的灵敏度和温度漂移。

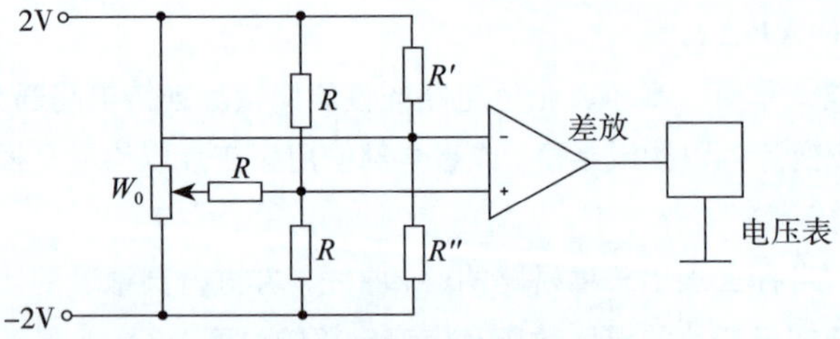

图2-9　半导体半桥双臂电路

五、知识拓展

称重传感器简介

称重传感器是称重系统的心脏。随着技术的进步，由称重传感器制作的电子衡器已广泛地应用到各行各业，实现了对物料的快速、准确称量，特别是随着微处理机的出现，工业生产过程自动化程度的不断提高，称重传感器已成为过程控制中的一种必需的装置，从以前不能称重的大型罐、料斗等重量计测以及吊车秤、汽车秤等计测控制，到混合分配多种原料的配料系统、生产工艺中的自动检测和粉粒体进料量控制等，都应用了称重传感器，目前，称重传感器几乎运用到了所有的称重领域。

称重传感器实际上是一种将质量信号转变为可测量的电信号输出的装置。用传感器应先要考虑传感器所处的实际工作环境，这点对正确选用称重传感器至关重要，它关系到传感器能否正常工作以及它的安全和使用寿命，乃至整个衡器的可靠性和安全性。称重传感器的主要技术参数有：① 额定荷载量；② 灵敏度（额定输出）；③ 灵敏度允差；④ 非线性；⑤ 重复性误差；⑥ 蠕变；⑦ 零点输出；⑧ 输入输出阻抗；⑨ 使用温度范围等。

称重传感器的种类很多，不同种类用途不一样。称重传感器按转换方法分为光电式、液压式、电磁力式、电容式、磁极变形式、振动式、陀螺仪式、电阻应变式等8类，传统的测量力的方法是利用弹性元件的形变和位移来表示的，其特点是成本低，不需要电源，但体积大，笨重，输出为非电量。最常用的为电阻应变式传感器。

（1）光电式。包括光栅式和码盘式两种。

光栅式传感器利用光栅形成的莫尔条纹把角位移转换成光电信号。光栅有两块，一块为固定光栅，另一块为装在表盘轴上的移动光栅。加在承重台上的被测物通过传力杠杆系统使表盘轴旋转，带动移动光栅转动，使莫尔条纹也随之移动。利用光电管、转换电路和显示仪表，即可计算出移过的莫尔条纹数量，测出光栅转动角的大小，从而确定和读出被测物质量。

码盘式传感器的码盘（符号板）是一块装在表盘轴上的透明玻璃，上面带有按一定编码方法编定的黑白相间的代码。加在承重台上的被测物通过传力杠杆使表盘轴旋转时，码盘也随之转过一定角度。光电池将透过码盘接受光信号并转换成电信号，然后由电路进行数字处理，最后在显示器上显示出代表被测质量的数字。光电式传感器曾主要用在机电结合秤上。

（2）液压式。在受被测物重力P作用时，液压油的压力增大，增大的程度与P成正比。测出压力的增大值，即可确定被测物的质量。液压式传感器结构简单而牢固，测量范围大，但准确度一般不超过1/100。

（3）电容式。它利用电容器振荡电路的振荡频率f与极板间距d的正比例关系工作。极板有两块，一块固定不动，另一块可移动。在承重台加载被测物时，板簧挠曲，两极板之间的距离发生变化，电路的振荡频率也随之变化。测出频率的变化即可求出承重台上被测物的质量。电容式传感器耗电量少，造价低，准确度为1/200～1/500。

（4）电磁力式。它利用承重台上的负荷与电磁力相平衡的原理工作。当承重台上放有被测物时，杠杆的一端向上倾斜；光电件检测出倾斜度信号，经放大后流入线圈，产生电磁力，使杠杆恢复至平衡状态。对产生电磁平衡力的电流进行数字转换，即可确定被测物质量。电磁力式传感器准确度高，可达1/2000～1/60000，但称量范围仅在几十毫克至10kg。

（5）磁极变形式。铁磁元件在被测物重力作用下发生机械变形时，内部产生应力并引起磁导率变化，使绕在铁磁元件（磁极）两侧的次级线圈的感应电压也随之变化。测量出电压的变化量即可求出加到磁极上的力，进而确定被测物的质量。磁极变形式传感器的准确度不高，一般为1/100，适用于大吨位称量工作，称量范围为几十至几万千克。

（6）振动式。弹性元件受力后，其固有振动频率与作用力的平方根成正比。测出固有频率的变化，即可求出被测物作用在弹性元件上的力，进而求出其质量。振动式传感器有振弦式和音叉式两种。

振弦式传感器的弹性元件是弦丝。当承重台上加有被测物时，V形弦丝的交点被拉向下，且左弦的拉力增大，右弦的拉力减小。两根弦的固有频率发生不同的变化。求出两根弦的频率之差，即可求出被测物的质量。振弦式传感器的准确度较高，可达1/1000～1/10000，称量范围为100g至几百千克，但结构复杂，加工难度大，造价高。

音叉式传感器的弹性元件是音叉。音叉端部固定有压电元件，它以音叉的固有频率振荡，并可测出振荡频率。当承重台上加有被测物时，音叉拉伸方向受力而固有频率增加，增加的程度与施加力的平方根成正比。测出固有频率的变化，即可求出重物施加于音叉上的力，进而求出重物质量。音叉式传感器耗电量小，计量准确度高达1/10000～1/200000，称量范围为500g～10kg。

（7）陀螺仪式。转子装在内框架中，以角速度ω绕X轴稳定旋转。内框架经轴承与外框架联接，并可绕水平轴Y倾斜转动。外框架经万向联轴节与机座联接，并可绕垂直轴Z旋转。转子轴（X轴）在未受外力作用时保持水平状态。转子轴的一端在受到外力（$P/2$）作用时，产生倾斜而绕垂直轴Z转动（进动）。进动角速度ω与外力$P/2$成正比，通过检测频率的方法测出ω，即可求出外力大小，进而求出产生此外力的被测物的质量。

陀螺仪式传感器响应时间快（5s），无滞后现象，温度特性好，振动影响小，频率测量准确精度高，故可得到高的分辨率（1/100000）和高的计量准确度（1/30000～1/60000）。

（8）电阻应变式。利用电阻应变片变形时其电阻也随之改变的原理工作，主要由弹性元件、电阻应变片、测量电路和传输电缆4部分组成。电阻应变片贴在弹性元件上，弹性元件受力变形时，其上的应变片随之变形，并导致电阻改变。测量电路测出应变片电阻的变化并变换为与外力大小成比例的电信号输出。电信号经处理后以数字形式显示出被测物的质量。

电阻应变式传感器的称量范围为300g至数千千克，计量准确度达1/1000～1/10000，结构较简单，可靠性较好。大部分电子衡器均使用此传感器。

（9）板环式。板环式称重传感器的结构具有明确的应力流线分布、输出灵敏度高、弹性体为一整体、结构简单、受力状态稳定、易于加工等优点。目前在传感器生产中还占着较大的比例，而对这种结构传感器的设计公式目前还不很完善。因这种弹性体的应变计算比较复杂，通常在设计时把它看作为圆环式弹性体进行估算。特别是对1t及以下量程的板环式传感器设计计算误差更大，同时往往还会出现较大的非线性误差。

板环式称重传感器结构紧凑、防护性能好，精度高、长期稳定性好，适用于吊钩秤、机电结合秤及其他力值的测量与控制，广泛应用于建材、水泥、化工等行业。

六、思考与练习

1. 填空题

（1）电阻应变片式传感器按制造材料可分为①________材料和②________体材料。它们在受到外力作用时电阻发生变化，其中①的电阻变化主要是由________形成的，而②的电阻变化主要是由________造成的。________材料传感器的灵敏度较大。

（2）电阻应变式传感器的传感元件为________，应变片又分两种，分别是________和________。

2. 问答题

什么是应变效应？

任务二 压阻式传感器的压力测量

一、任务描述

压阻式传感器广泛地应用于航天、航空、航海、石油化工、动力机械、生物医学工程、气象、地质、地震测量等各个领域。在航天和航空工业中压力是一个关键参数，对静态和动态压力，局部压力和整个压力场的测量都要求很高的精度。

压阻式传感器是用于这方面的较理想的传感器。例如，用于测量直升飞机机翼的气流压力分布，测试发动机进气口的动态畸变、叶栅的脉动压力和机翼的抖动等。在飞机喷气发动机中心压力的测量中，使用专门设计的硅压力传感器，其工作温度达500℃以上。在波音客机的大气数据测量系统中采用了精度高达0.05%的配套硅压力传感器。在尺寸缩小的风洞模型试验中，压阻式传感器能密集安装在风洞进口处和发动机进气管道模型中。单个传感器直径仅2.36mm，固有频率高达300kHz，非线性和滞后均为全量程的±0.22%。在生物医学方面，压阻式传感器也是理想的检测工具。已制成扩散硅膜薄到10μm，外径仅0.5mm的注射针型压阻式压力传感器和能测量心血管、颅内、尿道、子宫和眼球内压力的传感器。

压阻式传感器还有效地应用于爆炸压力和冲击波的测量、真空测量、监测和控制汽车发动机的性能以及诸如测量枪炮膛内压力、发射冲击波等兵器方面的测量。此外，在油井压力测量、随钻测向和测位地下密封电缆故障点的检测以及流量和液位测量等方面都广泛应用压阻式传感器。随着微电子技术和计算机的进一步发展，压阻式传感器的应用还将迅速发展。

图2-10　压阻式传感器的应用案例

对一个回油槽的油位进行测量，油槽的正常油位在1.5m左右，最高为2m，油槽为敞开式结构，因为液体的深度与产生的压力成比例，因而可以在油槽的底部安装压力传感器来测量油位，比如安装扩散硅压力传感器（图2-11）。

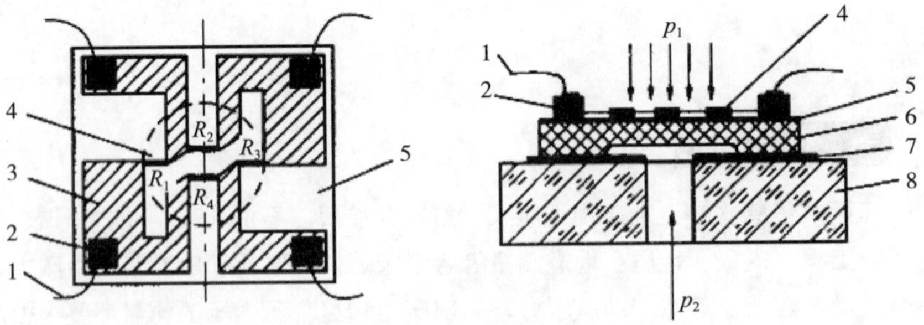

（a）　　（b）

图2-11　扩散硅压力传感器

1-引出线　2-电极　3-扩散电阻引线　4-扩散型应变片

5-单晶硅膜片　6-硅环　7-玻璃黏接剂　8-玻璃基板

二、任务资讯

将制作成一定形状的N型单晶硅作为弹性元件，选择一定的晶向，通过半导体扩散工艺在硅基底上扩散出4个P型电阻，构成惠斯顿电桥的4个桥臂，从而实现了弹性元件与变换元件一体化，这样的敏感器件称为压阻式传感器。压阻式传感器主要用于测量压力、加速度和载荷等参数。

1. 压阻式压力传感器

图2-12所示为压阻式压力传感器结构。核心部分是一块沿某晶向切割的圆形N型硅膜片，膜片上利用集成电路工艺扩散4个阻值相等的P型电阻。膜片四周用圆硅杯固定，膜片下部是与被测系统相连的高压腔，上部一般可与大气相通。

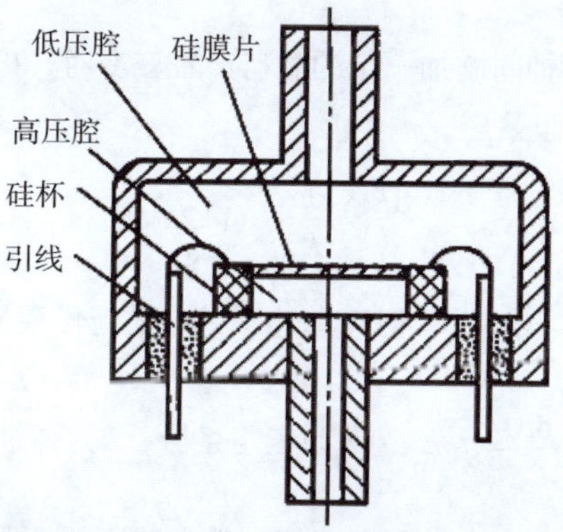

图2-12　压阻式压力传感器结构简图

2. 压阻式加速度传感器

压阻式加速度传感器采用单晶硅做悬臂梁，在梁的根部扩散4个电阻，如图2-13所示。悬臂梁自由端的质量块受到加速度作用时，悬臂梁受到弯矩作用，产生应力，使4个电阻阻值发生变化。由4个电阻组成的电桥将产生与加速度成正比的电压输出。

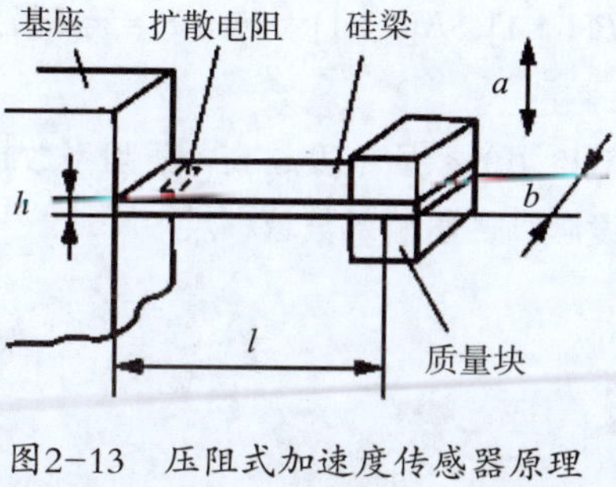

图2-13　压阻式加速度传感器原理

为保证传感器输出有较好的线性度，梁的根部的应变不应超过400~

500με，应变ε和加速度a的关系为

$$\varepsilon=\frac{6ml}{Ebh^2}a$$

式中：m为质量块质量；l为悬臂梁长度；b为悬臂梁宽度；h为悬臂梁厚度；E为悬壁梁弹性模量。

压阻式加速度传感器测量振动加速度时，固有频率按下式计算：

$$f_0=\frac{1}{2\pi}\sqrt{\frac{Ebh^3}{4ml^3}}$$

三、任务分析

1. 压阻效应

沿半导体底某一轴向施加一定的载荷产生应变时，电阻率会发生明显的变化，这种现象称作压阻效应。

$$\frac{\mathrm{d}R}{R}=\frac{\mathrm{d}\rho}{\rho}+(1+2\mu)\varepsilon$$

对金属材料，$\frac{\mathrm{d}\rho}{\rho}$较小，有时可忽略不计，故起作用的是应变效应；

对半导体材料，$\frac{\mathrm{d}\rho}{\rho}=\pi_l\cdot E\cdot\varepsilon$；$\pi_l$为压阻系数，$E$为弹性模量。

由于$\pi_l\cdot E$比$(1+2\mu)$大几十到上百倍，故上式表明压阻传感器的工作原理是基于压阻效应。

在弹性范围内，应力作用使半导体电阻发生变化，应力除去后，电阻又恢复到原来的数值，故压阻效应是可逆的。

2. 压阻系数

（1）晶体晶向的作用。晶体是具有多面体形态的固体，沿不同的晶轴方向，π_l、E的值是不同的。

对于半导体Si：$P[1\ 1\ 1]$、$N[1\ 0\ 0]$晶向，$K=\pi_l\cdot E$最大；

对于半导体Ge：$P[1\ 1\ 1]$、$N[1\ 1\ 1]$晶向，$K=\pi_l\cdot E$最大。

（2）影响π_l的因素。

①杂质浓度，扩散电阻的杂质浓度越高，压阻系数越小。

②温度，一般温度越高，压阻系数越小。

压电式测量演示

四、任务实施

1. 实验目的

了解扩散硅压阻式压力传感器测量压力的原理和方法。

2. 基本原理

扩散硅压阻式压力传感器在单晶硅的基片上扩散出P型或N型电阻条，接成电桥。在压力作用下根据半导体的压阻效应，基片产生应力，电阻条的电阻率产生很大变化，引起电阻的变化，把这一变化引入测量电路，则其输出电压的变化反映了所受到的压力变化（图2-14）。

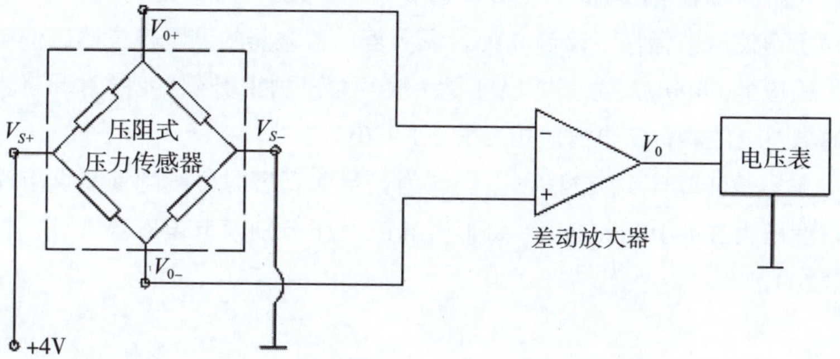

图2-14　压阻式压力传感器压力测量实验

3. 需用器件与单元

主机箱、压阻式压力传感器、压力传感器实验模板、引压胶管。

4. 实验步骤

（1）将压力传感器安装在实验模板的支架上，根据图2-15连接管路和电路（主机箱内的气源部分，压缩泵、贮气箱、流量计已接好）。引压胶管一端插入主机箱面板上气源的快速接口中（注意管子拆卸时要用双指按住气源快速接口边缘往内压，便可轻松拉出），另一端口与压力传感器相连。压力传感器引线为4芯线：1端接地线，2端为U_{o+}，3端接+4V电源，4端为U_{o-}，接线见图2-15。

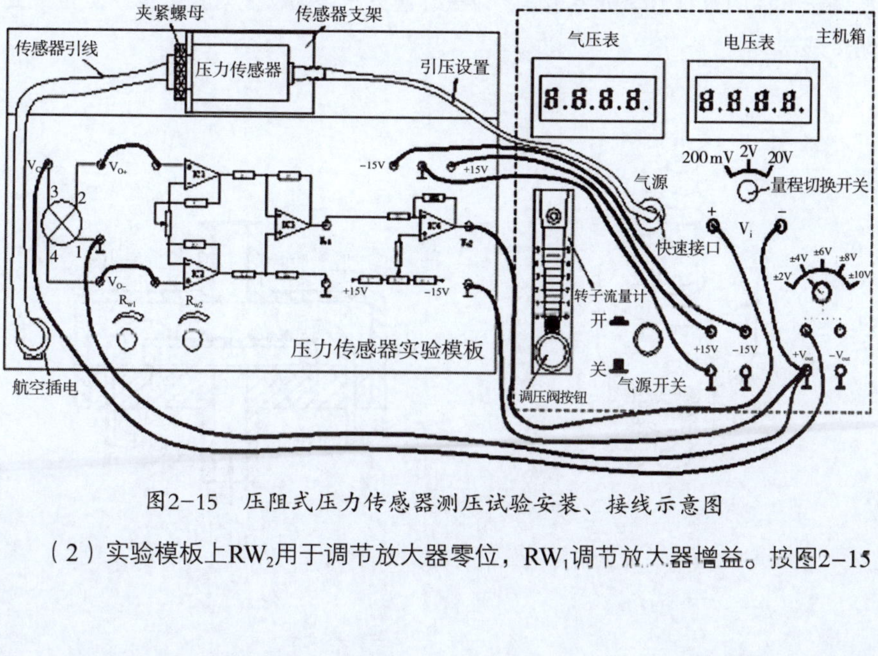

图2-15　压阻式压力传感器测压试验安装、接线示意图

（2）实验模板上RW_2用于调节放大器零位，RW_1调节放大器增益。按图2-15

将实验模板的放大器输出V02接到主机箱（电压表）的Vin插孔，将主机箱中的显示选择开关拨到2V挡，合上主机箱电源开关，RW_1旋到满度的1／3位置（即逆时针旋到底再顺时针旋2圈），仔细调节RW_2使主机箱电压表显示为零。

（3）输入气压，压力上升到4kPa左右时调节RW_2（低限调节），使电压表显示为相应的0.4V左右。再仔细地反复手捏气泵压力上升到19kPa左右时调节差动放大器的增益电位器RW_1（高限调节），使电压表相应显示1.9V左右。

（4）再使压力慢慢下降到4kPa，调节差动放大器的调零电位器，使电压表显示为相应的0.400V。再仔细地反复手捏气泵压力上升到19kPa时调节差动放大器的增益电位器，使电压表相应显示1.900V。

（5）重复步骤（4）过程，直到认为已足够精度时仔细地逐步调节流量计旋钮，使压力在4~19kPa变化，每上升3kPa气压分别读取电压表读数，将数值列于表2-1。

表2-1　电压表读数值

P（kPa）	4	7	10	13	16	19
V_o（p-p）						

五、知识拓展

利用压阻效应原理，采用三维集成电路工艺技术及一些专用特殊工艺，在单晶硅片上的特定晶向，制成应变电阻构成的惠斯顿检测电桥，并同时利用硅的弹性力学特性，在同一硅片上进行特殊的机械加工，集应力敏感与力电转换检测于一体的这种力学量传感器，以气、液体压强为检测对象，也称为固态压阻传感器 。

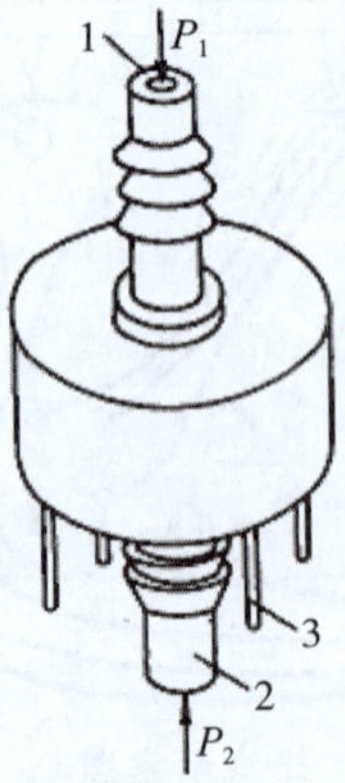

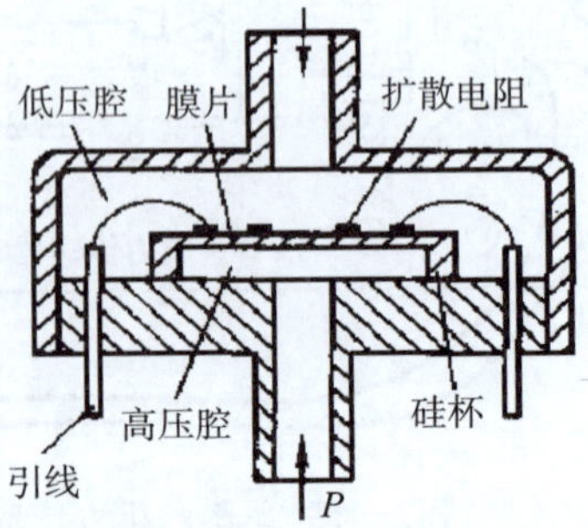

（a）结构图

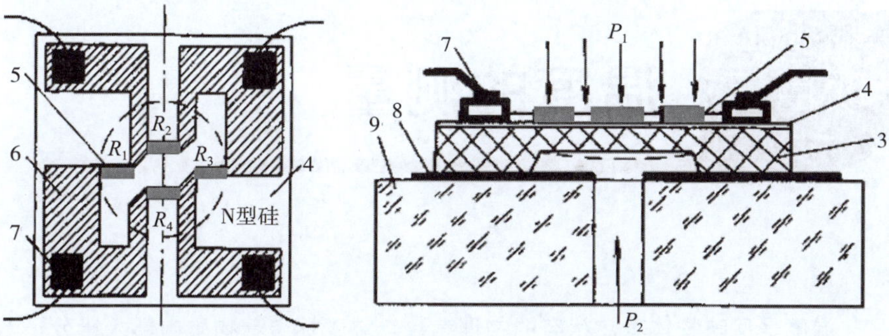

（b）俯视图　　　　　　（c）侧视图

图2-16　固态压阻传感器

1—高压进气口　2—低压进气口　3—硅杯　4—单晶硅膜片　5—扩散硅应变片
6—扩散电阻引线　7—电极及引线　8—玻璃黏接剂　9—玻璃基板

硅压阻式压力传感器是利用单晶硅的压阻效应制成的。在硅膜片特定方向上扩散4个等值的半导体电阻，并连接成惠斯通电桥，如图2-16所示，作为力—电变换器的敏感元件。当膜片受到外界压力作用，电桥失去平衡时，若对电桥加激励电源（恒流和恒压），便可得到与被测压力成正比的输出电压，从而达到测量压力的目的。

硅压阻式压力传感器由3个基本部分组成，如图2-16所示：① 基体，直接承受被测应力；② 波纹膜片，将被测应力传递到芯片；③ 芯片，检测被测应力。芯片是在硅弹性膜片上，用半导体制造技术在确定晶向制作相同的4个感压电阻，将它们连成惠斯通电桥，构成了基本的压力敏感元件。

膜片既是力敏电阻的衬底，又是外加应力的承受体，所以是压力传感元件的核心部分。在硅膜片上的背面要用机械或化学腐蚀的方法加工成中间很薄的凹状，称为硅杯，在它的正面制作压阻全桥。如果硅杯是圆形的凹坑，就称为圆形膜片。膜片还有方形、矩形等多种形式。当存在外加应力时，膜片上各处受到的应力是不同的。4个桥臂电阻在模板上的位置与方向设置要根据晶向和应力来决定。

六、思考与练习

1. 什么是压阻式传感器？
2. 什么是压阻效应？
3. 压阻式传感器是如何测压力的？
4. 压阻式传感器在我们日常生活中有哪些应用？

水位控制器

项目三 温度的测量

温度是反映物体冷热状态的物理参数。温度标志着物质内部大量分子无规则运动的剧烈程度。温度越高，表示物体内部分子热运动越剧烈（图3-1）。温度传感器是实现温度检测和控制的重要器件。在种类繁多的传感器中，温度传感器是应用最广泛、发展最快的传感器之一。工业生产自动化流程，温度测量点要占全部测量点的一半左右。

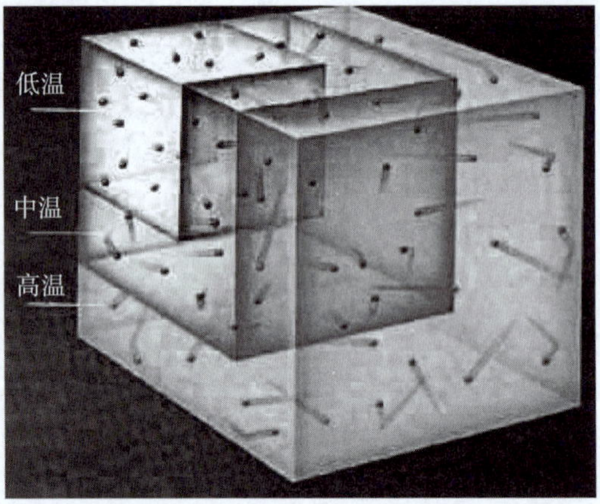

图3-1 分子内部热运动示意图

任务一 热电偶的温度测量

一、任务描述

温差热电偶（简称热电偶）是目前温度测量中使用最普遍的传感元件之一。它除具有结构简单，测量范围宽、准确度高、热惯性小，输出信号为电信号便于远传或信号转换等优点外，还能用来测量流体的温度、测量固体以及固体壁面的温度。微型热电偶还可用于快速及动态温度的测量。

二、任务资讯

1. 热电偶的常用材料与结构

（1）热电偶材料应满足的条件。物理性能稳定，热电特性不随时间改变；化学性能稳定，以保证在不同介质中测量时不被腐蚀；热电势高，导电率高，且电阻温度系数小；便于制造；复现性好，便于成批生产。

（2）热电偶常用材料

1）铂—铂铑热电偶（S型），分度号LB—3。

工业用热电偶丝：Φ0.5mm，实验室用可更细些。

正极：铂铑合金丝，用90%铂和10%铑（重量比）冶炼而成。

负极：铂丝。测量温度：长期：1300℃；短期：1600℃。

S型热电偶的特点有：材料性能稳定，测量准确度较高；可做成标准热电偶或基准热电偶。用途：实验室或校验其他热电偶。测量温度较高，一般用来测量1000℃以上高温。在高温还原性气体中（如气体中含CO、H_2等）易被侵蚀，需要用保护套管。材料属贵金属，成本较高。热电势较弱。

2）镍铬—镍硅（镍铝）热电偶（K型），分度号EU—2。

工业用热电偶丝：Φ1.2~2.5mm，实验室用可细些。

正极：镍铬合金（用88.4%～89.7%镍、9%～10%铬，0.6%硅，0.3%锰，0.4%～0.7%钴冶炼而成）。

负极：镍硅合金（用95.7%～97%镍，2%～3%硅，0.4%～0.7%钴冶炼而成）。

测量温度：长期1000℃，短期1300℃。

K型热电偶的特点有：价格比较便宜，在工业上广泛应用。高温下抗氧化能力强，在还原性气体和含有SO_2，H_2S等气体中易被侵蚀。复现性好，热电势大，但精度不如WRLB。

3）镍铬—考铜热电偶（E型），分度号为EA—2。

工业用热电偶丝:Φ1.2～2mm，实验室用可更细些。

正极：镍铬合金。

负极：考铜合金（用56%铜，44%镍冶炼而成）。

测量温度：长期600℃，短期800℃。

E型热电偶的特点有：价格比较便宜，工业上广泛应用。在常用热电偶中它产生的热电势最大。气体硫化物对热电偶有腐蚀作用。考铜易氧化变质，适于在还原性或中性介质中使用。

4）铂铑$_{30}$—铂铑$_6$热电偶（B型），分度号为LL—2。

正极：铂铑合金（用70%铂，30%铑冶炼而成）。

负极：铂铑合金（用94%铂，6%铑冶炼而成）。

测量温度：长期1600℃，短期1800℃。

E型热电偶的特点有：价格比较便宜，工业上广泛应用。在常用热电偶中它产生的热电势最大。气体硫化物对热电偶有腐蚀作用。考铜易氧化变质，适于在还原性或中性介质中使用。

B型热电偶的特点有：材料性能稳定，测量精度高。还原性气体中易被侵蚀。低温热电势极小，冷端温度在50℃以下可不加补偿。成本高。

（3）几种特殊用途的热电偶

1）铱和铱合金热电偶。如铱50铑—铱10钌热电偶，它能在氧化气氛中测量高达2100℃的高温。

2）钨铼热电偶。它是20世纪60年代发展起来的，是目前一种较好的高温热电偶，可使用在真空惰性气体介质或氢气介质中，但高温抗氧能力差。国产钨铼-钨铼20热电偶使用温度范围300～2000℃，分度精度为1%。

3）金铁—镍铬热电偶。主要用在低温测量，可在2～273K范围内使用，灵敏度约为10μV / ℃。

4）钯—铂铱$_{15}$热电偶。它是一种高输出性能的热电偶，在1398℃时的热电势为47.255mV，比铂—铂铑$_{10}$热电偶在同样温度下的热电势高出3倍，因而可配用灵敏度较低的指示仪表，常应用于航空工业。

5）铁—康铜热电偶，分度号TK。灵敏度高，约为53μV/℃，线性度好，价格便宜，可在800℃以下的还原介质中使用。主要缺点是铁极易氧化，采用发蓝处理后可提高抗锈蚀能力。

6）铜—康铜热电偶，分度号MK。热电偶的热电势略高于镍铬-镍硅热电偶，约为43μV/℃。复现性好，稳定性好，精度高，价格便宜。缺点是铜易氧化，广泛用于20～473K的低温实验室测量中。

2. 常用热电偶的结构类型

为了适应不同生产对象的测温要求和条件，热电偶的结构形式有普通热电偶、铠装热电偶和薄膜热电偶等。

（1）普通热电偶。普通工业装配式热电偶作为测量温度的变送器，通常和显示仪表、记录仪表和电子调节器配套使用。它可以直接测量各种生产过程中从0到1800℃范围的液体、蒸气和气体介质以及固体的表面温度。热电偶通常由热电极、绝缘管、保护套管和接线盒等几个主要部分组成，其结构图及实物图如图3-2所示。

1）热电极。又称偶丝，它是热电偶的基本组成部分。普通金属做成的偶丝，其直径一般为0.5~3.2mm，贵重金属做成的偶丝，直径一般为0.3~0.6mm。偶丝的长度则由使用情况、安装条件，特别是工作端在被测介质中插入的深度来决定，通常为300~2000mm，常用的长度为350mm。

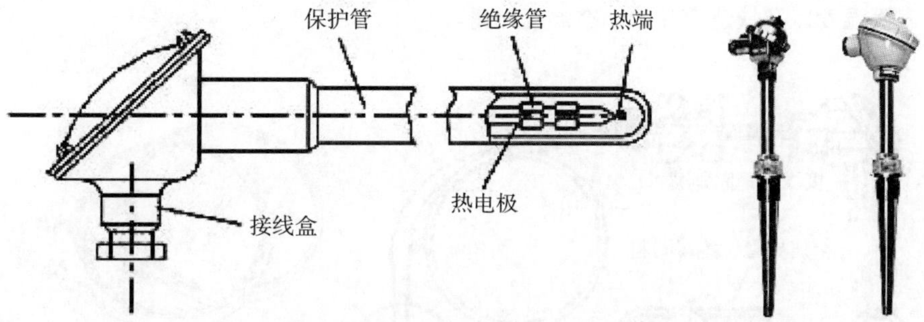

图3-2 普通型热电偶结构图及实物图

2）绝缘管。又称绝缘子，是用于热电极之间及热电极与保护套管之间进行绝缘保护的零件。形状一般为圆形或椭圆形，中间开有二个、四个或六个孔。偶丝穿孔而过。材料为黏土质、高铝质、刚玉质等，材料选用视使用的热电偶而定。在室温下，绝缘管的绝缘电阻应在5MΩ以上。

3）保护套管。它是用来保护热电偶感温元件免受被测介质化学腐蚀和机械损伤的装置。保护套管应具有耐高温、耐腐蚀的性能，要求导热性能好，气密性好。其材料有金属、非金属以及金属陶瓷三大类。金属材料有铝、黄铜、碳钢、不锈钢等，其中lCrl8Ni9Ti不锈钢是目前热电偶保护套管使用的典型材料。非金属材料有高铝质（85%~90%Al_2O_3）、刚玉质（99%Al_2O_3），使用温度都在1300℃以上。金属陶瓷材料如氧化镁加金属钼，这种材料使用温度在1700℃，且在高温下有很好的抗氧化能力，适用于钢水温度的连续测量。形状一般为圆柱形。

4）接线盒。它是用来固定接线座和作为连接补偿导线的装置。根据被测量温度的对象及现场环境条件，设计有普通式、防溅式、防水式和插座式四种结构形式。普通式接线盒无盖，仅由盒体构成，其接线座用螺钉固定在盒体上，适用于环境条件良好、无腐蚀性气体的现场。防溅式、防水式接线盒有盖，且盖与盒体由密封圈压紧密封，适用于雨水能溅到的现场或露天设备现场。插座式接线盒结构简单、安装所占空间小，接线方便，适用于需要快速拆卸的环境。

（2）铠装热电偶。铠装热电偶又称套管热电偶。它是由热电偶丝、绝缘材料和金属套管三者经拉伸加工而成的坚实组合体，其结构图及实物图如图3-3所示。它可以做得很细很长，使用中随需要能任意弯曲。铠装热电偶的主要优点是测温端热容量小，动态响应快，机械强度高，挠性好，可安装在结构复杂的装置上，因此被广泛用在许多工业部门中。

（3）薄膜热电偶。薄膜热电偶是由两种薄膜热电极材料，用真空蒸镀、化学涂层等办法蒸镀到绝缘基板上面制成的一种特殊热电偶，其结构图及实物图如图3-4所示。薄膜热电偶的热接点可以做得很小（可薄到0.01~0.1μm），具有热容量小，反应速度快等特点，热响应时间达到微秒级，适用于微小面积上的表面温度以及快速变化的动态温度测量。

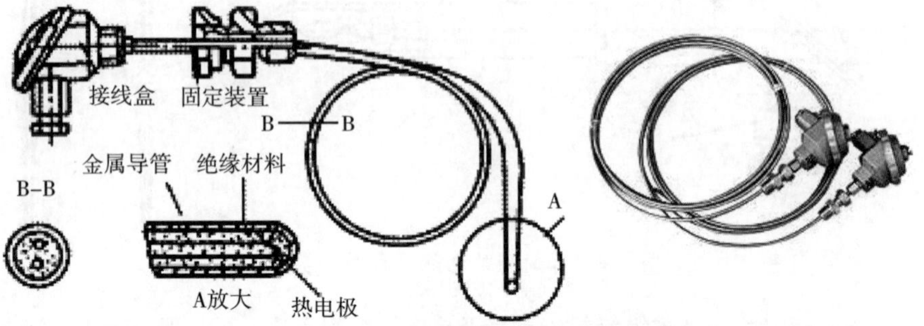

图3-3　铠装热电偶结构图及实物图

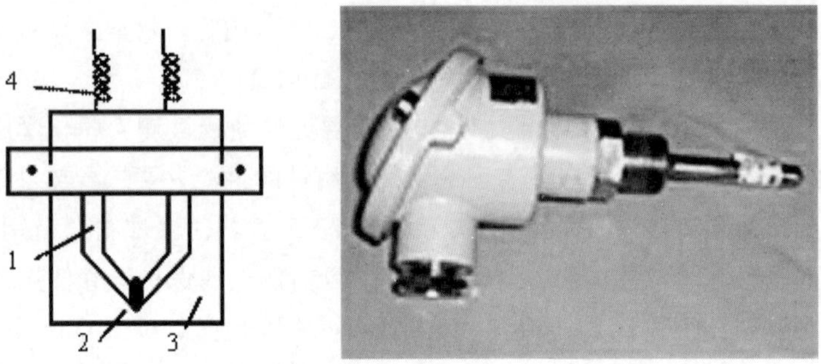

（a）快速反应薄膜热电偶　　（b）实物

图3-4　薄膜热电偶结构图及实物图

1—热电极　2—热接点

3—绝缘基板　4—引出线

（4）快速消耗微型热电偶。图3-5为一种测量钢水温度的热电偶。它是用直径为Φ0.05～0.1mm的铂铑$_{10}$-铂铑$_{30}$热电偶装在U形石英管中，再铸以高温绝缘水泥，外面再用保护钢帽所组成。这种热电偶使用一次就焚化，但它的优点是热惯性小，只要注意它的动态标定，测量精度可达±5～7℃。

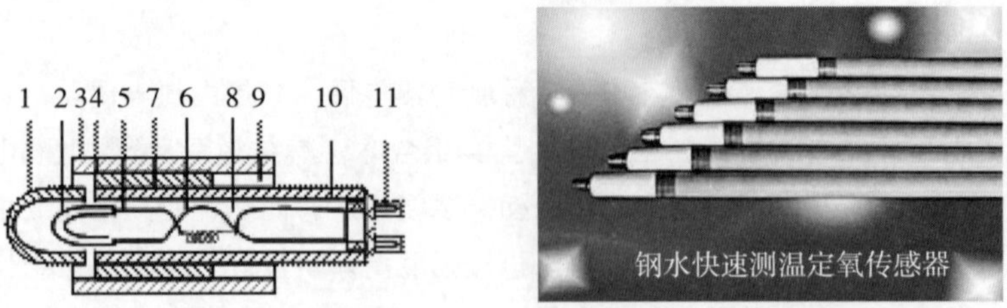

（a）结构　　（b）实物

图3-5　快速消耗微型热电偶

1—钢帽　2—石英　3—纸环　4—绝热泥

5—冷端　6—棉花　7—绝缘纸管　8—补偿导线

9—套管　10—塑料插座　11—簧片与引出线

热电偶的结构

3. 热电偶的特点

（1）结构简单、制造使用方便，电极不受大小和形状限制，可按照需要选择。

（2）测温范围广，下限可达−260℃，上限可达1800℃以上。

（3）热惯性小，准确度高，各温区中误差均符合计量委员会标准。

4. 热电偶冷端处理及温度补偿

热电偶输出的电势是两结点温度差的函数。为了使输出的电势是被测温度的单一函数，一般将T作为被测温度端，T_0作为固定冷端（参考温度端）。通常要求T_0保持为0℃，但是在实际使用中要做到这一点比较困难，因而产生了热电偶冷端温度补偿问题。

（1）0℃恒温法。把热电偶的参比端置于冰水混合物容器里，使T_0=0℃（图3−6）。为了避免冰水导电引起两个连接点短路，必须把连接点分别置于两个玻璃试管里，浸入同一冰点槽，使相互绝缘。近年来已研制出一种能使温度恒定在0℃的半导体制冷器件。

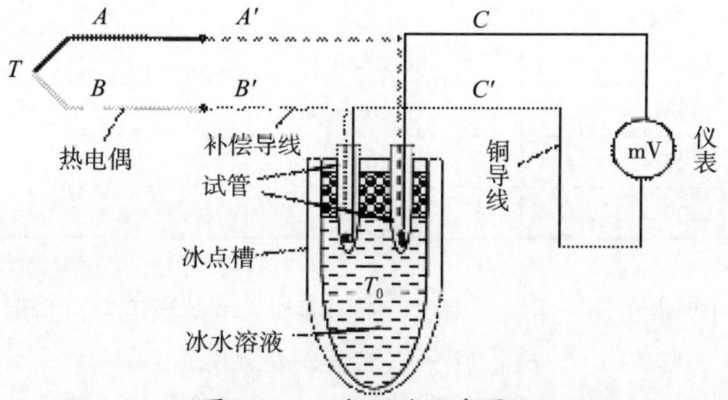

图3−6 0℃恒温法示意图

（2）补正系数修正法。利用中间温度定律可以求出$T_0 \neq 0$时的电势。该法较精确，但繁琐。因此，工程上常用补正系数修正法实现补偿。设冷端温度为t_n，此时测得温度为t_1，其实际温度应为

$$t=t_1+kt_n$$

式中 k——补正系数。

例如用镍铬—考铜热电偶测得介质温度为600℃，此时参考端温度为30℃，则通过查热电偶补正系数表（表3−1）得k值为0.78，故介质的实际温度为

$$t = 600℃+0.78 \times 30℃= 623.4℃$$

常见的热电偶补正系数如表3−1所示。

表3-1　热电偶补正系数

温度T/℃	补正系数k	
	铂铑$_{10}$—铂（S）	镍铬、镍硅（K）
100	0.82	1.00
200	0.72	1.00
300	0.69	0.98
400	0.66	0.98
500	0.63	1.00
600	0.62	0.96
700	0.60	1.00
800	0.59	1.00
900	0.56	1.00
1000	0.55	1.07
1100	0.53	1.11
1200	0.53	—
1300	0.52	—
1400	0.52	—
1500	0.53	—
1600	0.53	—

（3）计算修正法。用普通室温计算出参比端实际温度T_H，利用公式计算

$$E_{AB}(T,T_0)=E_{AB}(T,T_H)+E_{AB}(T_H,T_0)$$

例如：用铜-康铜热电偶测某一温度T，参比端在室温环境T_H中，测得热电动势E_{AB}（T，T_H）=1.999mV，又用室温计测出T_H=21℃，查此种热电偶的分度表可知，E_{AB}（21，0）=0.832mV，故得

$$E_{AB}(T,0)=E_{AB}(T,21)+E_{AB}(21,T_0)=1.999+0.832=2.831(\mathrm{mV})$$

注意：既不能只按1.999mV查表，认为T=49℃，也不能把49℃加上21℃，认为T=70℃。

（4）零点迁移法。应用领域：如果冷端不是0℃，但十分稳定（如恒温车间或有空调的场所）。

实质：在测量结果中人为地加一个恒定值，因为冷端温度稳定不变，电动势$E_{AB}(T_H,0)$是常数，利用指示仪表上调整零点的办法，加大某个适当的值而实现补偿。

例如：用动圈仪表配合热电偶测温时，如果把仪表的机械零点调到室温T_H的刻度上，在热电动势为零时，指针指示的温度值并不是0℃而是T_H。而热电偶的冷端温度已是T_H，则只有当热端温度$T=T_H$时，才能使$E_{AB}(T,T_H)=0$，这样，

指示值就和热端的实际温度一致了。这种办法非常简便，而且一劳永逸，只要冷端温度总保持在T_H不变，指示值就永远正确。

（5）冷端补偿器法。利用不平衡电桥产生热电势补偿热电偶因冷端温度变化而引起热电势的变化值。不平衡电桥由R_1、R_2、R_3（锰铜丝绕制）、R_{Cu}（铜丝绕制）四个桥臂和桥路电源组成。

设计时，在0℃下使电桥平衡（$R_1=R_2=R_3=R_{Cu}$），此时$U_{ab}=0$，电桥对仪表读数无影响。

使用时选择R_{Cu}的阻值使电桥保持平衡，电桥输出$U_{ab}=0$。当冷端温度升高时，R_{Cu}阻值随之增大，电桥失去平衡，U_{ab}相应增大，此时热电偶电势E_x由于冷端温度升高而减小（图3-7）。若U_{ab}的增量等于热电偶电势E_x的减小量，回路总的电势U_{ab}的值就不会随热电偶冷端温度变化。

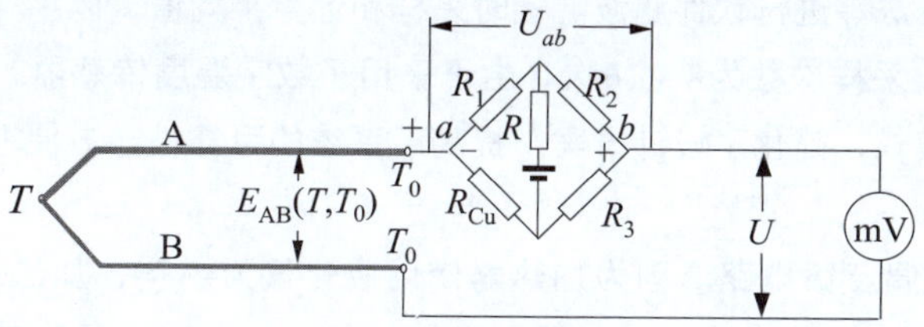

图3-7　冷端补偿器的作用

注意：①不同材质的热电偶所配的冷端补偿器，其中的限流电阻R不一样，互换时必须重新调整。

②桥臂R_{Cu}必须和热电偶的冷端靠近，使处于同一温度之下。

5. 热电偶温度传感器的应用

下面介绍一个典型的单片机控制的测温系统，它由三大部分组成：测量放大电路、A/D转换电路。显示电路。它广泛应用于发电厂、化工厂的测温及温度控制系统中。

（1）恒温炉控制器硬件设计。此恒温炉主要由液化气提供热源，热效率高，且取暖费用低廉。人工预设加热温度值后，控制器能准确地把温度控制在设定值的±1℃，现场使用方便。其主要性能指标为：温度可调范围在10～50℃；温度精度可精确到0.25℃；当环境中的氧含量低于某一值时，控制电路自动关闭加热炉，等待人工处理。

该控制器是以89C51为控制核心，以电磁阀为驱动部件，以及温度采样、热电偶信号采样、显示等电路组成。系统框图如图3-8所示。

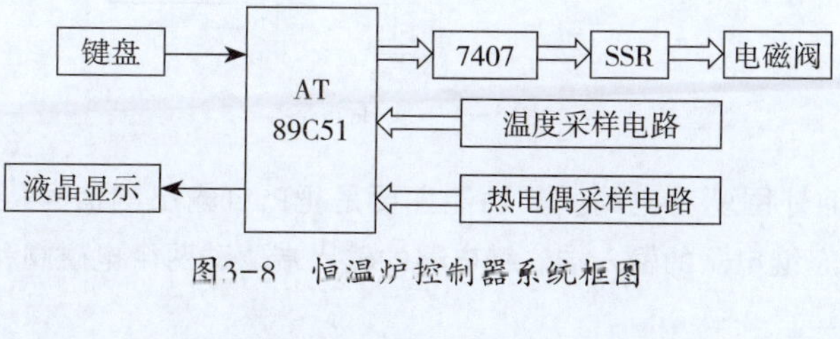

图3-8　恒温炉控制器系统框图

89C51单片机，其指令系统与MCS-51完全兼容，且片内带有4KB的E^2PROM，可以方便地构成一个最小系统。采样10位数字温度传感器，经CPU处理后，实时地显示在液晶屏上，热电偶电路时刻监视着是否有异常情况出现。

1）数字温度采样电路。本系统中使用AD公司的产品AD7416，它由带隙温度传感器、10倍A/D转换器、温度寄存器、可设点比较器、故障排队计数器等组成。传感器将温度转换成电压，将由A/D转换器转换成10位数字量送温度值寄存器。A/D转换器的一次转换时间约为400μs，精度可达0.25。

AD7416的接口方式为I^2C/SMBUS，温度测量范围为-55～125℃，有节电工作方式，可用于电池供电。AD7416的地址由A_0、A_1、A_2决定，地址格式为：$1001A_2A_1A_0R/W$，最大可并联8片，本系统中只用了一片AD7416，连线方式如图3-9所示。因温度的惯性系数较大，可采用简便有效的移动平均值法、中值法、低通滤波法等进行软件滤波。实时采样和计算平均值，以平均值作为实际温度采样值。采样次数为8～16次。由于采用了数字温度传感器，完全打破了传统的设计模式，简化了设计方案，提高了系统的可靠性，方便地实现了标度变换。

2）热电偶反馈电路。因为加热器使用液化气为燃料，加热过程要耗氧，可能引起环境中的氧含量不足，所以在加热器加热过程中要时刻监视液化气燃烧是否充分。实验证明，当氧含量正常时，燃气烧到热电偶输出的电压在20mV以上，而当氧含量低于某一值时，热电偶输出的电压会在12mV以下。通过如图3-10所示电路，把热电偶电压接入电路，以检测电压超过18mV时，电路输出端输出高电平，电压低于13mV时，电路输出端输出低电平。

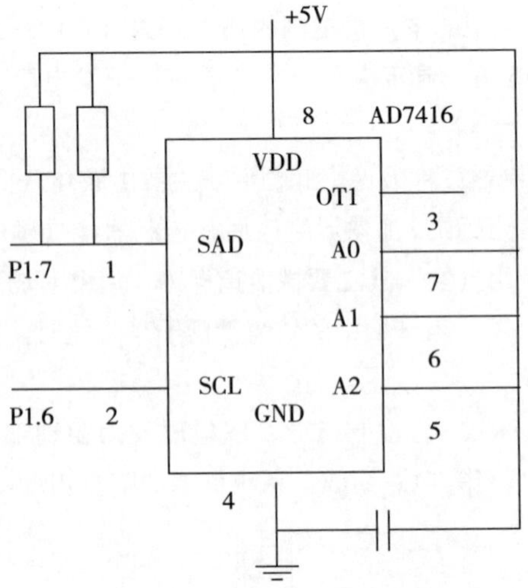

图3-9 采样电路

3）其他外围驱动电路。其功能主要是把P_1口输出的信号接入7407，由7407驱动固态继电器的输入端，继电器的输出端驱动两个电磁阀和一个电子脉冲打火器。

为了控制恒温炉的温度并向系统输入数据，系统应附有键盘，并能完成温度的增减、恒温炉的启动与停止，另外还设有设置键，用于加热过程中重新设置温度，当恒温炉启动后，液晶屏即实时地显示所测量的温度值，出现异常情况显示故障状态。

（2）软件设计。软件采用模块化结构。软件主要完成如下任务：扫描键盘并按要求调出设定值或输入新的设定值，并判断是否启动，启动时首先打开加热阀供气，开启电子打火器，点火成功后，打开主出气阀，然后监视温度的变化，当温度超出设定温度值1℃时，关闭主出气阀，当温度低于设定温度1℃时，打开主出气阀。若点火不成功，则每隔15s重复上述启动过程，若3次点火不成功，关闭加热偶阀，在液晶屏显示故障状态。正常启动后，程序时刻监视热电偶的状态，若出现热电偶电压不足，关闭主出气阀和加热阀，等待人工参与。

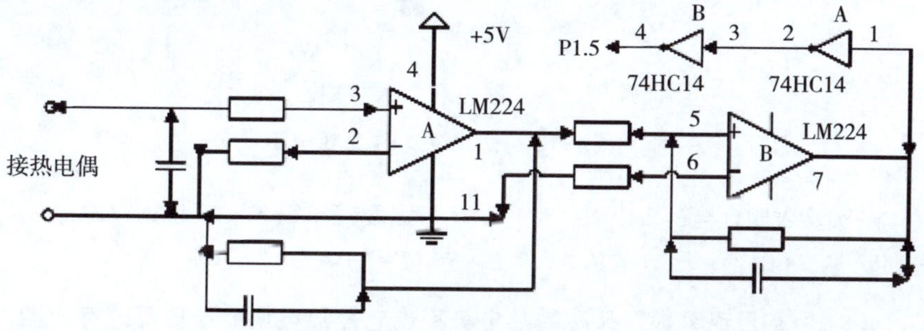

图3-10　热电偶反馈电路

三、任务分析

1. 热电偶的工作原理

两种不同的导体或半导体A和B组合成如图3-11所示闭合回路，若导体A和B的连接处温度不同（设$T>T_0$），则在此闭合回路中就有电流产生，也就是说回路中有电动势存在，这种现象叫作热电效应。这种现象早在1821年首先由西拜克（See－back）发现，所以又称西拜克效应。

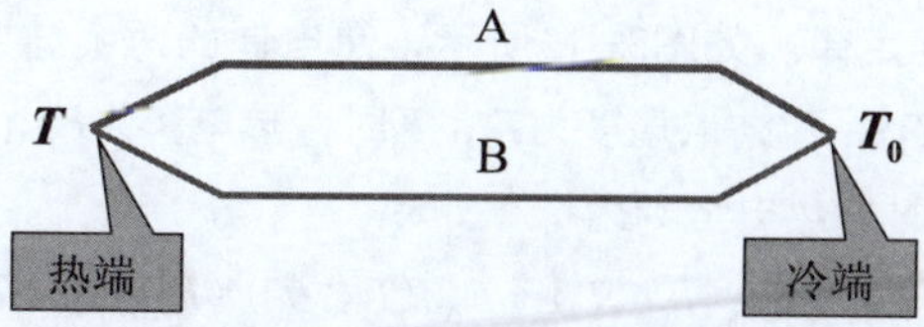

图3-11　热电偶原理图

测温热电偶

回路中所产生的电动势，叫热电势。热电势由两部分组成，即温差电势和接触电势。

实验——热电偶工作原理演示（图3-12）。

1821年，德国物理学家西拜克用两种不同金属组成闭合回路，并用酒精灯加热其中一个接触点（称为结点），发现放在回路中的指南针发生偏转（说明什么？），如果用两盏酒精灯对两个结点同时加热，指南针的偏转角反而减小（又说明什么？）。

显然，指针的偏转说明回路中有电动势产生并有电流在回路中流动，电流的强弱与两个结点的温差有关。

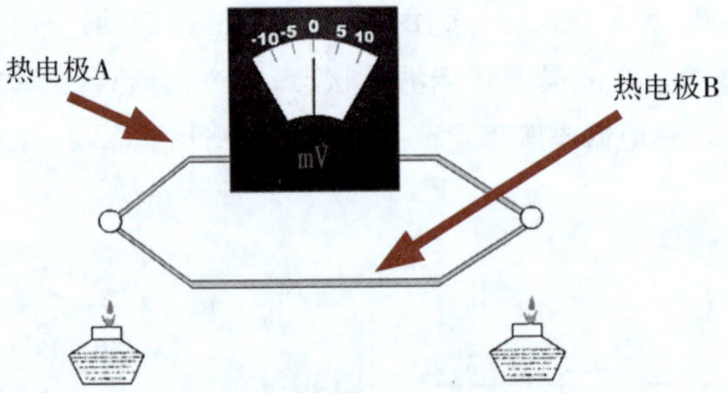

图3-12 热电偶工作原理演示

实验表明，当E_T较小时，热电势E_T与温度差（$T-T_0$）成正比，即

$$E_T=S_{AB}(T-T_0)$$

S_{AB}为塞贝克系数，又称为热电势率，它是热电偶的最重要的特征量，其符号和大小取决于热电极材料的相对特性。

2. 热电偶的基本定律

（1）均质导体定律。由一种均质导体组成的闭合回路，不论导体的截面积和长度如何，也不论各处的温度分布如何，都不能产生热电势。

（2）中间导体定律。用两种金属导体A，B组成热电偶测量时，在测温回路中必须通过连接导线接入仪表测量温差电势E_{AB}（T，T_0），而这些导体材料和热电偶导体A，B的材料往往并不相同。在这种引入了中间导体的情况下，回路中的温差电势是否发生变化呢？热电偶中间导体定律指出：在热电偶回路中，只要中间导体C两端温度相同，那么接入中间导体C对热电偶回路总热电势E_{AB}（T，T_0）没有影响。

（3）中间温度定律。如图3-13所示，热电偶的两个结点温度为T_1，T_2时，热电势为$E_{AB}(T_1，T_2)$；两结点温度为T_2，T_3时，热电势为$E_{AB}(T_2，T_3)$，那么当两结点温度为T_1，T_3时的热电势则为

$$E_{AB}(T_1，T_2)+E_{AB}(T_2，T_3)=E_{AB}(T_1，T_3)$$

上式就是中间温度定律的表达式。如：T_1=100℃，T_2=40℃，T_3=0℃，则

$$E_{AB}(100，40)+E_{AB}(40，0)=E_{AB}(100，0)$$

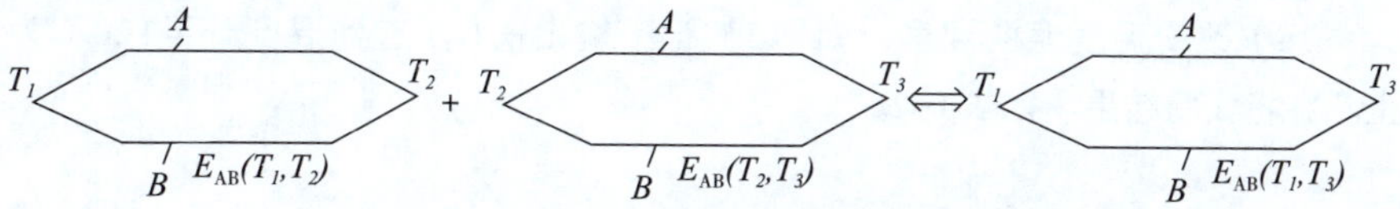

图3-13　中间定律示意图

热电偶应用—
煤气生产工艺

3. 热电偶的分度号

热电偶的分度号是其分度表的代号（一般用大写字母S、R、B、K、E、J、T、N表示）。它是在热电偶的参考端为0℃的条件下，以列表的形式表示热电势与测量端温度的关系。

四、任务实施

1. 目的要求

（1）认识热电偶温度传感器的结构及安装方式。

（2）掌握热电偶温度传感器的工作原理、测量方法及灵敏度。

（3）了解K型热电偶的特性与应用。

2. 仪器设备

智能调节仪、PT100、K型热电偶、温度源、差动放大器，电压放大器、直流电压表。

3. 操作步骤

（1）重复实验Pt100温度控制实验，将温度控制在50℃，在另一个温度传感器插孔中插入K型热电偶温度传感器。

（2）将K型热电偶接至底面板温度传感器的热电偶处。热端（红色）接a，冷端（绿色）接b。

（3）按图3-14接好差动放大器和电压放大器，将电压放大器的输出接至直流电压表。

（4）调零。

（5）拿掉短路线，按图3-14接线，并将温度传感器的热电偶接入电路，记下电压放大器的输出电压值。

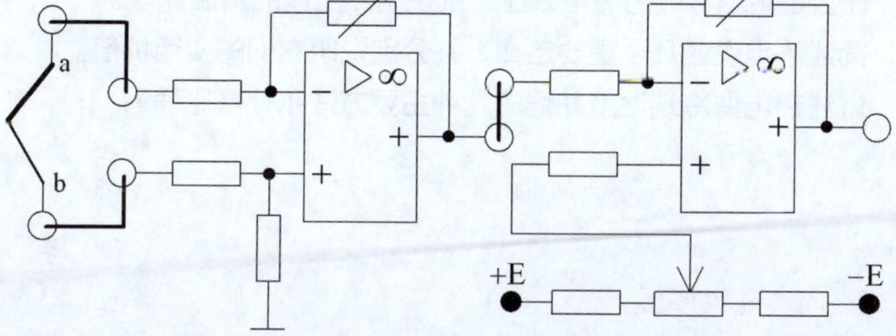

图3-14　热电偶测温接线图

（6）改变温度源的温度，每隔5℃记下输出值U。直到温度升至120℃为止。并将实验结果填入表3-2。

表3-2

T/℃														
U/V														

4. 结果分析

（1）绘出实验原理图并加以说明。

（2）列出实验条件，整理所测数据。

五、知识拓展

用来度量物体温度数值的标尺叫温标。它规定了温度的读数起点（零点）和测量温度的基本单位。目前，国际上用得较多的温标有华氏温标、摄氏温标、热力学温标和国际实用温标。

华氏温标（℉）规定：在标准大气压下，冰的熔点为32度，水的沸点为212度，中间划分180等份，每等份为华氏1度，符号为℉。

摄氏温标（℃）规定：在标准大气压下，冰的熔点为0度，水的沸点为100度，中间划分100等份，每等份为摄氏1度，符号为℃。

华氏与摄氏的换算公式为：℉=℃×1.8+32

热力学温度是国际上公认的最基本温度，我国目前实行的是1990年国际温标（ITS—90）。同时定义国际开尔文温度为T_{90}，单位是开尔文（K）；国际摄氏温度为t_{90}，单位是摄氏度（℃）。两者关系为：

$$t_{90}(℃)=T_{90}(\mathrm{K})-273.15\text{或}t(℃)=T(\mathrm{K})-273.15$$

六、思考与练习

1. 什么是金属导体的热电效应？试说明热电偶的测温原理。
2. 简述热电偶的几个重要定律，并分别说明它们的实用价值。
3. 试述热电偶冷端温度补偿的几种主要方法和补偿原理。

任务二 热电阻的温度测量

一、任务描述

热电阻传感器是利用导体或半导体的电阻值随温度变化而变化的原理进行测温的。热电阻传感器分为金属热电阻和半导体热电阻两大类，一般把金属热电阻称为热电阻，而把半导体热电阻称为热敏电阻。热电阻广泛用来测量-200～+850℃范围内的温度，少数情况下，低温可测量至1K，高温达1000℃。

二、任务资讯

1. 热电阻材料的特点

热电阻材料的特点有高温度系数，高电阻率。可以加快反应速度，提高灵敏度，减小体积和重量；化学、物理性能稳定。为保证在使用温度范围内热电阻测量的准确性、良好的输出特性，必须有线性或接近线性的输出、良好的工艺性，以便于批量生产，降低成本。

热电阻大都由纯金属材料制成，适宜制作热电阻的材料有铂、铜、镍和铁。

虽然铁、镍的温度系数和电阻率均比铂和铜要高，但由于不易提纯和非线性的缺点而用得不多。目前应用最多的是铂和铜。铂热电阻测量精度较高，线性度好。热电阻广泛用来测量-220～+850℃范围内的温度，一般多用于5000℃以下的中低温测量。

2. 常用的热电阻

热电阻应用最多的是铂热电阻和铜热电阻

（1）铂热电阻的电阻—温度特性。铂电阻的特点是测温精度高，稳定性好，所以在温度传感器中得到了广泛应用。铂电阻的应用范围为-200～+850℃。铂电阻的电阻—温度特性方程，在 -200～0℃的温度范围内为：

$$R_t=R_0[1+At+Bt_2+Ct_3(t-100)]$$

在0～+850℃的温度范围内为：

$$R_t=R_0(1+At+Bt_2)$$

式中：R_0、R_t为铂电阻在0℃和t℃时的电阻值。

上式中B、C分度系数很小，故阻值R_t与温度t近似为线性关系。

铂易提纯、复现性好，其物理、化学性能在高温和氧化性介质中很稳定，铂电阻的输出—输入特性接近线性，且测量精度高，所以能用于工业测温元件和作为温度标准。工业上将铂电阻R_0分别在50Ω和100Ω（称Pt100）的条件下，相应R_t-t关系制成分度表，供查用。

（2）铜热电阻。

由于铂为贵金属，一般在测量精度要求不高和测量范围较小时，均采用铜电阻。在−50~150℃范围内，铜电阻化学物理性能稳定，输出—输入特性接近线性，价格低廉。铜电阻阻值与温度变化之间的关系可以近似表示为：

$$R_t=R_0(1+\alpha t)$$

R_t与t之间也呈线性关系。

铜电阻的缺点是电阻率低，体积大，热惯性大。而且当温度高于100 ℃时铜电阻易被氧化。因此铜电阻适用于温度较低，没有侵蚀性的介质中工作。工业上将铜电阻R_0分别在50 Ω和100 Ω的条件下，相应R_t-t关系制成分度表，供查用。

3. 热电阻温度传感器的结构形式

热电阻传感器由电阻体、绝缘管、保护套管、引线和接线盒等组成（图3−15）。

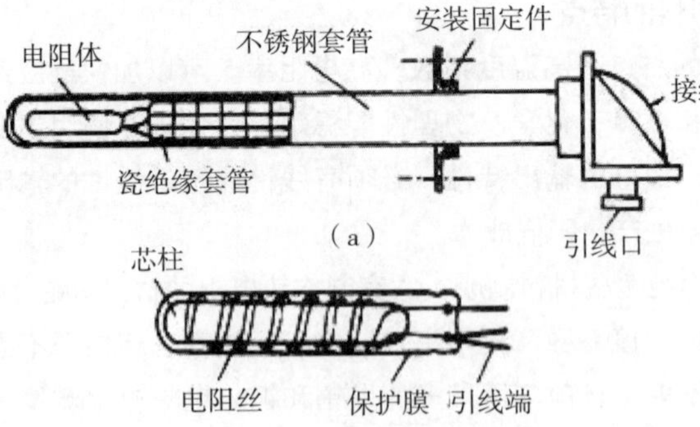

图3−15　热电阻结构

（1）薄膜型及装配型（普通型）铂热电阻（图3−16）。薄膜型及装配型（普通型）铂热电阻测量范围：−200~420℃。

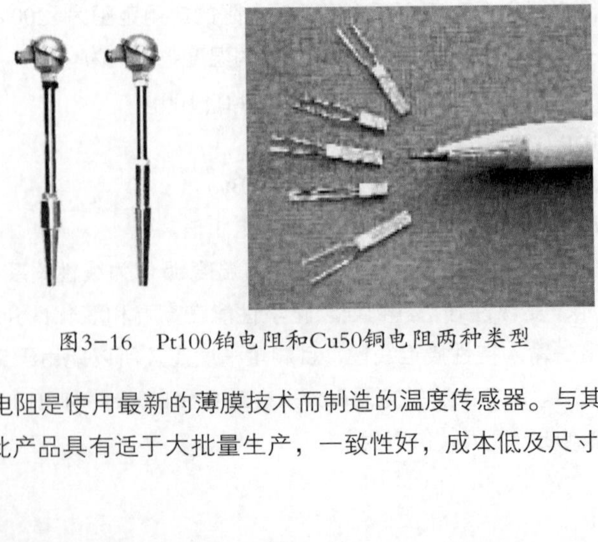
图3−16　Pt100铂电阻和Cu50铜电阻两种类型

薄膜铂电阻是使用最新的薄膜技术而制造的温度传感器。与其他类型的热电阻比较，此产品具有适于大批量生产，一致性好，成本低及尺寸小等特点。

（2）铠装型热电阻。铠装热电阻是由感温元件（电阻体）、引线、绝缘材料和不锈钢套管组合而成的坚实体。与普通型热电阻相比，铠装型有下列优点：体积小，内部无空隙，热惯性小；机械性能好，耐振抗冲击；柔软能弯曲，便于安装；使用寿命长（图3-17）。

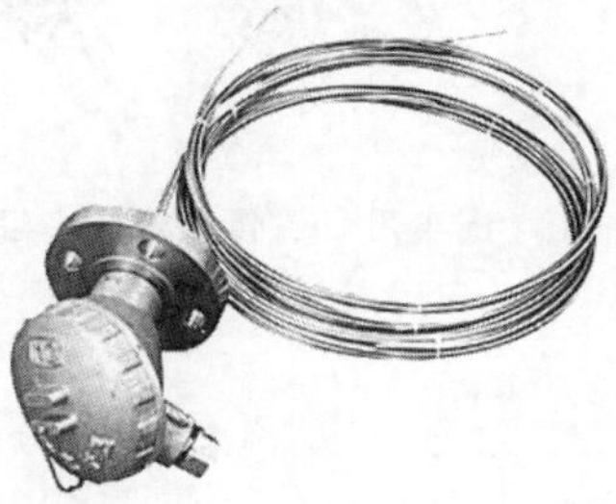

图3-17　铠装型热电阻实物图

（3）端面型铂热电阻。端面型感温元件由特殊处理的电阻丝材绕制，紧贴在温度计端面，它与一般轴向热电阻相比，能更正确和快速地反映被测端面的实际温度，适用于测量轴瓦和其他机件端面的温度（图3-18）。

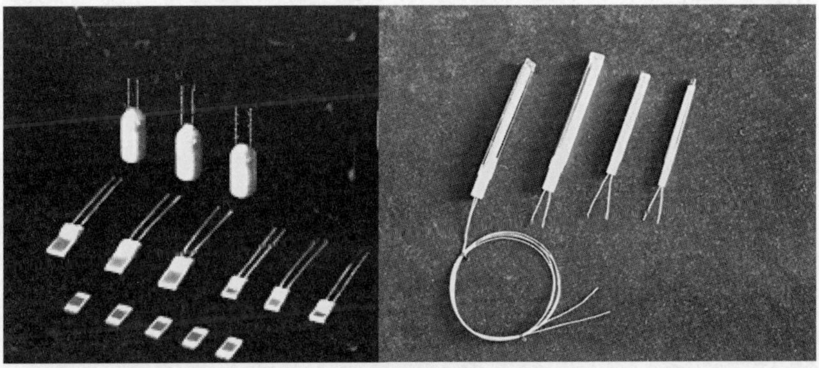

图3-18　端面型铂热电阻实物图

（4）防爆型铂热电阻。防爆型铂热电阻通过特殊结构的接线盒，能把内部爆炸性混合气体因受到火花或电弧等影响而发生的爆炸局限在接线盒内，生产现场不会引起爆炸（图3-19）。

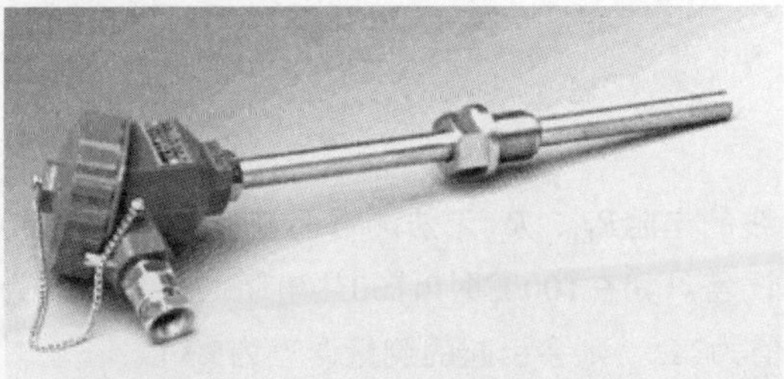

图3-19　防爆型铂热电阻实物图

（5）汽车用水温传感器及水温表（图3-20）。

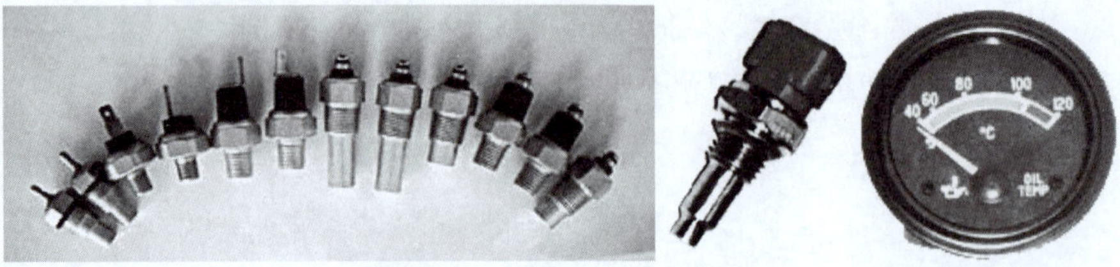

图3-20　汽车用水温传感器及水温表

三、任务分析

热电阻的工作原理

测温原理热电阻（如Pt100）是利用其电阻值随温度的变化而变化这一原理制成的将温度量转换成电阻量的温度传感器。温度变送器通过给热电阻施加一已知激励电流测量其两端电压的方法得到电阻值（电压/电流），再将电阻值转换成温度值，从而实现温度测量。热电阻和温度变送器之间有三种接线方式：二线制、三线制、四线制。

（1）二线制。变送器通过导线L_1、L_2给热电阻施加激励电流I，测得电势V_1、V_2，如图3-21所示。

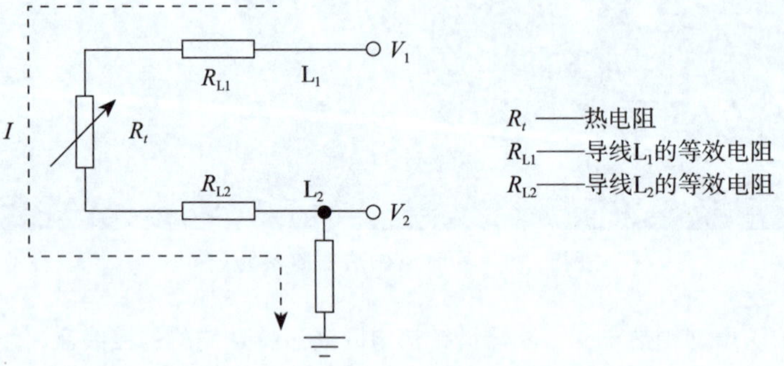

图3-21　二线制热电阻测温原理图

计算得R_t：

$$\frac{V_1-V_2}{I}=R_t+R_{L1}+R_{L2}$$

$$R_t=\frac{V_1-V_2}{I}-(R_{L1}+R_{L2})$$

由于连接导线的电阻R_{L1}、R_{L2}无法测得而被计入热电阻的电阻值中，使测量结果产生附加误差。如在100℃时Pt100热电阻的热电阻率为0.379Ω/℃，这时若导线的电阻值为2Ω，则会引起的测量误差为5.3℃。

（2）三线制。三线制是实际应用中最常见的接法。如图3-22所示，增加一根导线用以补偿连接导线的电阻引起的测量误差。三线制要求三根导线的材质、线径、长度一致且工作温度相同，使三根导线的电阻值相同，即$R_{L1}=R_{L2}=R_{L3}$。通过导线L_1、L_2给热电阻施加激励电流I，测得电势V_1、V_2、V_3。导线L_3接入高输入阻抗电路，$I_{L3}=0$。

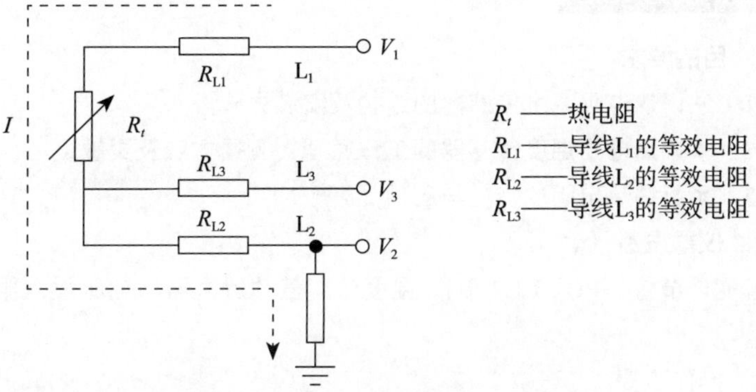

图3-22　三线制热电阻测温原理图

热电阻的阻值R_t：

$$\frac{V_1-V_2}{I}=R_t+R_{L1}+R_{L2}$$

$$\frac{V_3-V_2}{I}=R_{L2}$$

$$R_{L1}=R_{L2}=R_{L3}$$

$$R_t=\frac{V_1-V_2}{I}-2R_{L2}=\frac{V_1+V_2-V_3}{I}$$

由此可得三线制接法可补偿连接导线的电阻引起的测量误差。

（3）四线制。四线制是热电阻测温理想的接线方式。如图3-23所示，通过导线L_1、L_2给热电阻施加激励电流I，测得电势V_3、V_4。导线L_3、L_4接入高输入阻抗电路，$IL_3=0$，$IL_4=0$，因此V_4-V_3等于热电阻两端电压。

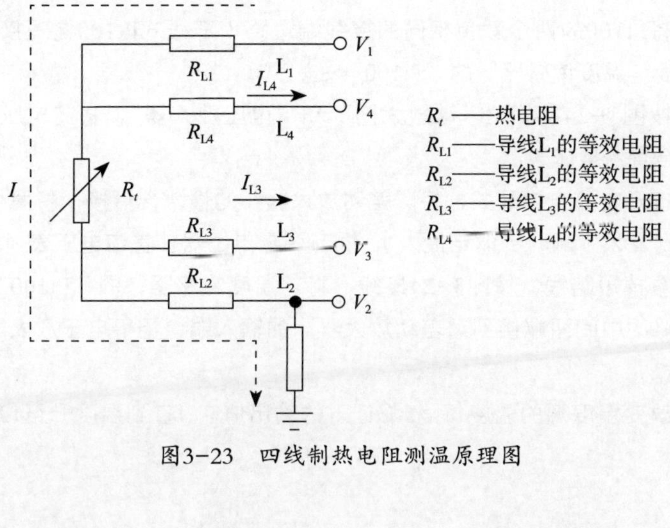

图3-23　四线制热电阻测温原理图

热电阻的电阻值：$R_t=\frac{V_4-V_3}{I}$

由此可得，四线制测量方式不受连接导线的电阻的影响。

四、任务实施

1. 目的要求

（1）认识热电阻温度传感器的结构及安装方式。

（2）掌握热电阻温度传感器的工作原理、测量方法及灵敏度。

（3）了解铂热电阻的特性与应用。

2. 仪器设备

智能调节仪、Pt100（2只）、温度源、差动放大器、电压放大器、直流电压表。

3. 操作步骤

（1）重复温度控制实验，将温度控制在50℃，在另一个温度传感器插孔中插入另一只铂热电阻温度传感器Pt100。

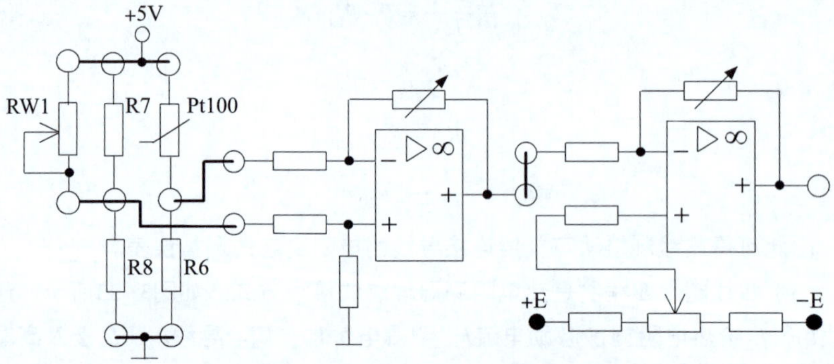

图3-24　铂电阻温度特性测试接线图

（2）将Pt100的两个颜色相同的接线端短路（三线式Pt100需短接），然后接至底面板“温度传感器”的“Pt100”处。

（3）按图3-24接好“差动放大器”和“电压放大器”，将“电压放大器”的输出接至直流电压表。

（4）打开直流电源开关，将“差动放大器”的输入端短接，将两个增益电位器都调到最大（顺时针调至最大），调节调零电位器使直流电压表显示为零。

（5）拿掉短路线，按图3-24接线，将“温度传感器”的“Pt100”接入电路。将桥路的中间两端接到“差动放大器”的输入端，记下电压放大器输出端的电压值。

（6）改变温度源的温度每隔5℃记下的输出值U，直到温度升至120℃，并将实验结果填入表3-3。

表3-3　温度-S电压值

T/℃															
U/V															

4. 结果分析

（1）绘出实验原理图并加以说明。

（2）列出实验条件，整理所测数据。根据表3-3的实验数据，做出U-T曲线，分析Pt100的温度特性曲线，计算其非线性误差。

基于labview多通道热电阻温度测量系统

五、知识拓展

常用的温度传感器

温度传感器有各种类型，根据敏感元件与被测介质接触与否，可分为接触式和非接触式两大类，见表3-4。

表3-4　温度传感器测温范围与特点

测温方式	温度计与传感器	测温范围/℃	主要特点
接触式	热力膨胀式（图3-25） ① 液体膨胀式（玻璃温度计） ② 固体膨胀式（双金属温度计）	 -100～600 -80～600	结构简单，价廉，一般用于直接读数
	压力式 ① 气体式 ② 液体式	-100～500	耐振，价廉，准确度不高，滞后性大，可转换成电信号
	热电偶	-200～1800	种类多，结构简单，感温部小，广泛应用于高温测量
	热电阻 ① 金属热电阻 ② 半导体热敏电阻	 -260～800 -50～300	种类多，精度高，感温部较大，体积小，响应快，灵敏度高
	集成温度传感器	-55～150	体积小，反应快，线性好，价格低

续表

测温方式	温度计与传感器	测温范围/℃	主要特点
非接触式	辐射式温度计 ① 光学高温计 ② 比色高温计 ③ 红外光电温度计	-20 ~ 3500	不干扰被测温度场，可对运动体测温，响应较快。测温计结构复杂，价高，需定标修正测量值

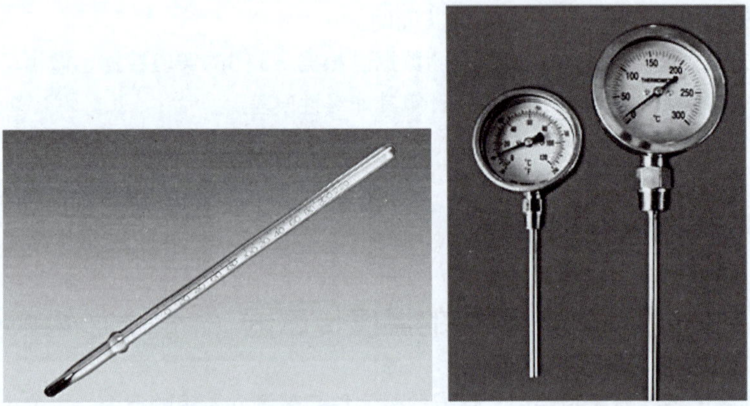

（a）玻璃温度传感器　　（b）双金属温度传感器

图3-25　玻璃温度传感器和双金属温度传感器

六、思考与练习

1. 填空

（1）热电阻传感器是一种将被测非电量变化转换为________的传感器。

（2）热电阻和温度变送器之间有三种接线方式：__________、__________、和_________。

2. 问答

（1）简述热电阻传感器的特点。

（2）简述热电阻传感器的工作原理。

任务三　热敏电阻的温度测量

一、任务描述

热敏电阻是利用某种半导体材料的电阻率随温度变化而变化的性质制成的。在温度传感器中应用最多的有热电偶、热电阻（如铂、铜电阻温度计等）和热敏电阻。热敏电阻发展最为迅速，由于其性能得到不断改进，稳定性已大为提高，在许多场合下（−40～+350℃）热敏电阻已逐渐取代传统的温度传感器。

二、任务资讯

1. 热敏电阻的特点

（1）电阻温度系数的范围宽。有正、负温度系数和在某一特定温度区域内阻值突变的三种热敏电阻元件。电阻温度系数的绝对值比金属大10～100倍。

（2）材料加工容易、性能好。可根据使用要求加工成各种形状，特别是能够做到小型化。目前，最小的珠状热敏电阻其直径仅为0.2mm。

（3）阻值在1～10MΩ可供自由选择。使用时，一般可不必考虑线路引线电阻的影响；由于其功耗小，故不需采取冷端温度补偿，所以适合于远距离测温和控温使用。

（4）稳定性好。商品化产品已有30多年历史，加之近年在材料与工艺上不断得到改进。据报道，在0.01℃的小温度范围内，其稳定性可达0.0002℃的精度。相比之下，优于其他各种温度传感器。

（5）原料资源丰富，价格低廉。烧结表面均已经玻璃封装，故可用于较恶劣环境条件；另外由于热敏电阻材料的迁移率很小，故其性能受磁场影响很小，这是十分可贵的特点。

2. 热敏电阻的分类

热敏电阻的种类很多，分类方法也不相同。按热敏电阻材料分类见表3-5。按热敏电阻的阻值与温度关系这一重要特性可分为：

（1）正温度系数热敏电阻器（PTC）。电阻值随温度升高而增大的电阻器，简称PTC热敏电阻器。它的主要材料是掺杂的$BaTiO_3$半导体陶瓷。

（2）负温度系数热敏电阻器（NTC）。电阻值随温度升高而下降的热敏电阻器，简称NTC热敏电阻器。它的材料主要是一些过渡金属氧化物半导体陶瓷。

（3）突变型负温度系数热敏电阻器（CTR）。该类电阻器的电阻值在某特定温度范围内随温度升高而降低3～4个数量级，即具有很大负温度系数。其主要材料是VO_2，并添加一些金属氧化物。

按这种分类方法各种热敏电阻的外形及应用产品见图3-26。

表3-5　热敏电阻材料的分类

大分类	小分类		代表例子
NTC	单晶	金刚石、Ge、Si	金刚石热敏电阻
	多晶	迁移金属氧化物复合烧结体、无缺陷形金属氧化烧结体多结晶单体、固溶体形多结晶氧化物SiC系	Mn、Co、Ni、Cu、Al氧化物烧结体、ZrY氧化物烧结体、还原性TiO_3、Ge、Si、Ba、Co、Ni氧化物溅射SiC薄膜
	玻璃	Ge 、Fe、V等氧化物 硫硒碲化合物 玻璃	V、P、Ba氧化物，Fe、Ba、Cu氧化物，Ge、Na、K氧化物、$(As_2Se_3)_{0.8}$、$(Sb_2SeI)_{0.2}$
	有机物	芳香族化合物 聚酰亚胺	表面活性添加剂
	液体	电解质溶液 熔融硫硒碲化合物	水玻璃 As、Se、Ge系
PTC	无机物	$BaTiO_3$系 Zn、Ti、Ni氧化物系 Si系、硫硒碲化合物	（Ba、Sr、Pb）TiO_3烧结体
	有机物	石墨系 有机物	石墨、塑料 石蜡、聚乙烯、石墨
	液体	三乙烯醇混合物	三乙烯醇、水、NaCl
CTR		V、Ti氧化物系、Ag_2S、（AgCu）、（ZnCdHg）$BaTiO_3$单晶	V、P、（Ba·Sr）氧化物 Ag_2S–CuS

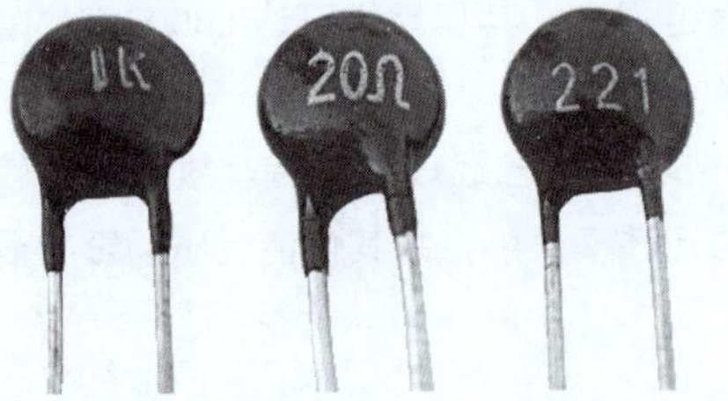

（a）MF12型　　NTC热敏电阻

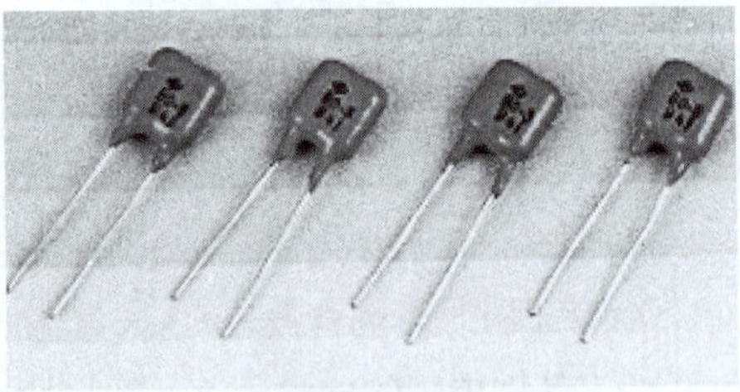

（b）聚酯塑料封装热敏电阻

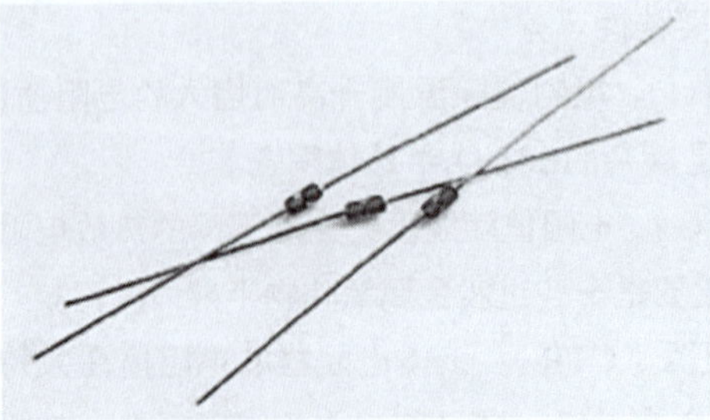

（c）玻璃封装　NTC热敏电阻

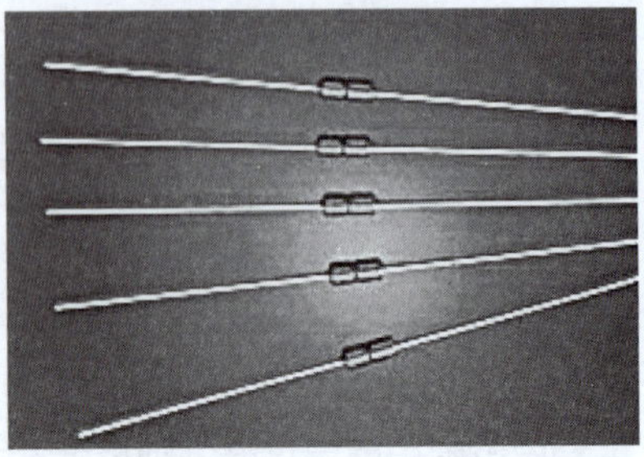

（d）MF58 型热敏电阻

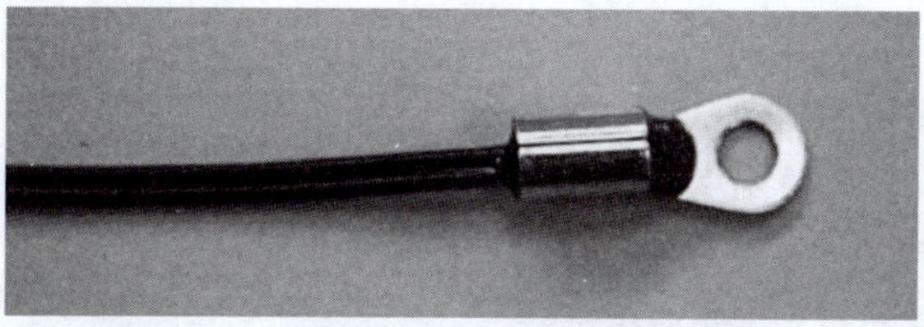

（e）带安装孔的热敏电阻

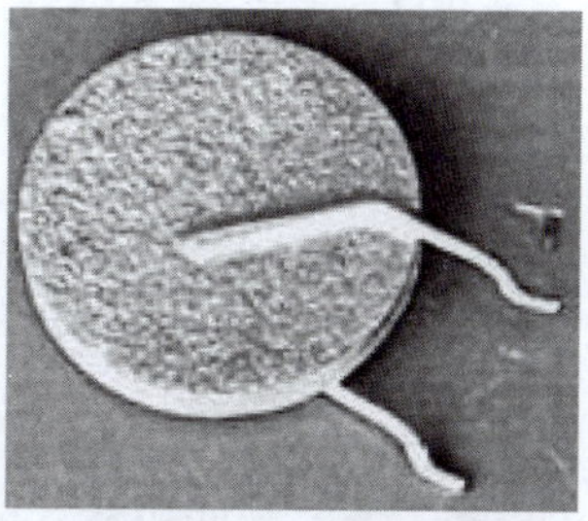

（f）大功率PTC热敏电阻

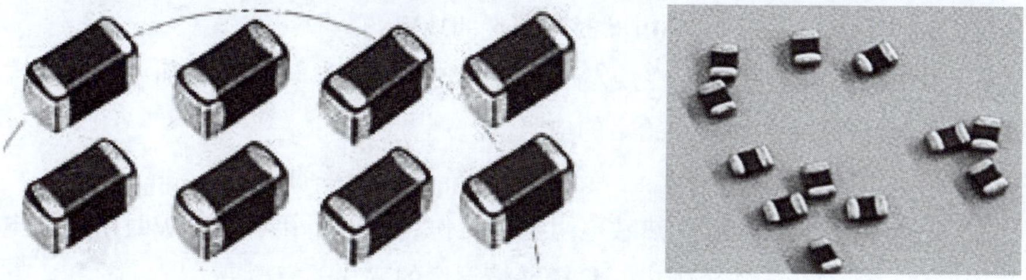

（g）贴片式NTC热敏电阻

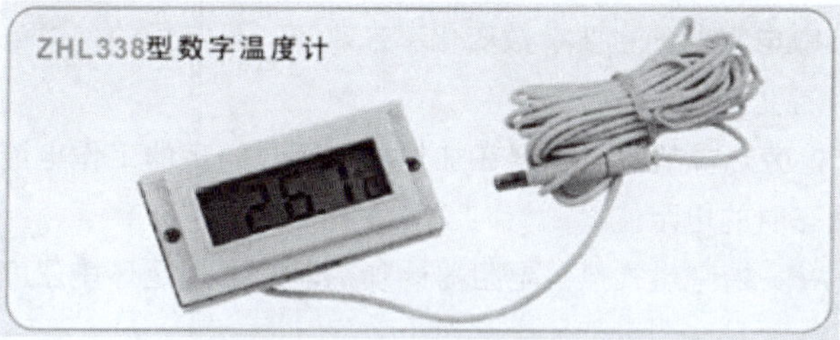

（h）热敏电阻温度面板表

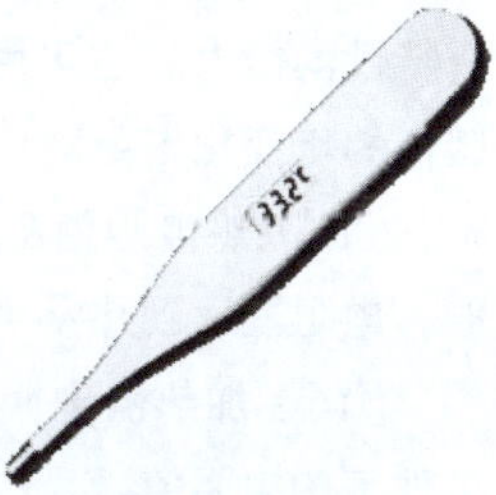

（i）热敏电阻体温表

图3-26　热敏电阻及其应用

3. 热敏电阻的基本参数

（1）标称电阻R_{25}（冷阻）。标称电阻值是热敏电阻在（25±0.2）℃时的阻值。

（2）材料常数B_N。它是表征负温度系数（NTC）热敏电阻器材料的物理特性常数。B_N值决定于材料的激活能ΔE，具有$B_N=\Delta E/2k$的函数关系，式中k为波尔兹曼常数。一般B_N值越大，则电阻值越大，绝对灵敏度越高。在工作温度范围内，B_N值并不是一个常数，而是随温度的升高略有增加的。

（3）电阻温度系数（%/℃）。热敏电阻的温度变化1 ℃时电阻值的变化率。

（4）耗散系数H。热敏电阻器温度变化1℃所耗散的功率变化量。在工作范围内，当环境温度变化时，H值随之变化，其大小与热敏电阻的结构、形状和所处介质的种类及状态有关。

（5）时间常数τ。热敏电阻器在零功率测量状态下，当环境温度突变时电阻器的温度变化量从开始到最终变量的63.2%所需的时间。它与热容量C和耗散系数H之间的关系：$\tau=C/H$。

（6）最高工作温度T_{max}。热敏电阻器在规定的技术条件下长期连续工作所允许的最高温度。

（7）最低工作温度T_{min}。热敏电阻器在规定的技术条件下能长期连续工作的最低温度。

（8）转变点温度T_c。热敏电阻器的电阻一温度特性曲线上的拐点温度，主要指正电阻温度系数热敏电阻和临界温度热敏电阻。

（9）额定功率P_E。热敏电阻器在规定的条件下，长期连续负荷工作所允许的消耗功率。在此功率下，它自身温度不应超过T_{max}。

（10）测量功率P_0。热敏电阻器在规定的环境温度下，受到测量电流加热而引起的电阻值变化不超过0.1％时所消耗的功率。

（11）工作点电阻R_G。在规定的温度和正常气候条件下，施加一定的功率后使电阻器自热而达到某一给定的电阻值。

（12）工作点耗散功率P_G。电阻值达到R_G时所消耗的功率。

（13）功率灵敏度K_G。热敏电阻器在工作点附近消耗功率lmW时所引起电阻的变化，即：在工作范围内，K_G随环境温度的变化略有改变。

（14）稳定性。热敏电阻在各种气候、机械、电气等使用环境中，保持原有特性的能力。它可用热敏电阻器的主要参数变化率来表示。最常用的是以电阻值的年变化率或对应的温度变化率来表示。

（15）热电阻值R_H。指旁热式热敏电阻器在加热器上通过给定的工作电流时，电阻器达到热平衡状态时的电阻值。

（16）加热器电阻值Rr。指旁热式热敏电阻器的加热器，在规定环境温度条件下的电阻值。

（17）最大加热电流I_{max}。指旁热式热敏电阻器上允许通过的最大电流。

（18）标称工作电流I。指在环境温度25℃时，旁热式热敏电阻器的电阻值被稳定在某一规定值时加热器内的电流。

（19）标称电压。它是稳压热敏电阻器在规定温度下标称工作电流所对应的电压值。

（20）元件尺寸。指热敏电阻器的截面积A、电极间距离L和直径d。

4. 半导体热敏电阻的应用

NTC热敏电阻主要用于温度测量或温度补偿。PTC突变型热敏电阻主要用作温度开关、浪涌电流保护和恒温加热。PTC缓变形热敏电阻主要用于在较宽的温度范围内进行温度补偿或温度测量。CTR热敏电阻主要用作温度开关、浪涌电流保护。

（1）温度测量。用于测量温度的热敏电阻一般结构较简单，价格较低廉。没有外面保护层的热敏电阻只能应用在干燥的地方；密封的热敏电阻不怕湿气的侵蚀，可以用在较恶劣的环境下。由于热敏电阻的阻值较大，故其连接导线的电阻和接触电阻可以忽略，使用时采用二线制即可，常用于家用电器的测温如空调器、冰箱、电饭锅、电热水器等（图3-27）。

（2）温度补偿。热敏电阻可在一定的温度范围内对某些元件进行温度补偿。例如，动圈式仪表表头中的动圈由铜线绕成，温度升高，其电阻值增大，引起测量误差，为此可在动圈回路中串入由负温度系数热敏电阻组成的电阻网络，从而抵消由于温度引起的误差。实际应用时，将负温度系数的热敏电阻与锰铜丝电阻并联后再与被补偿元件串联。热敏电阻广泛用于晶体管电路补偿。

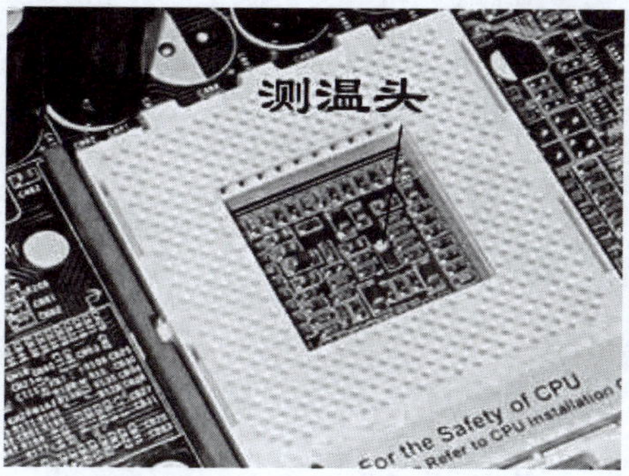

图3-27　热敏电阻用于CPU的温度测量

1）NTC热敏电阻对正温度系数电阻的补偿（图3-28）。

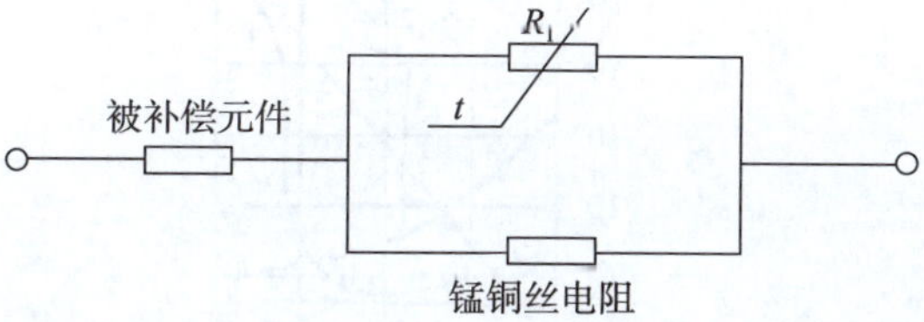

图3-28　NTC热敏电阻对正温度系数电阻的补偿

2）热敏电阻对晶体管电路的补偿（图3-29）。

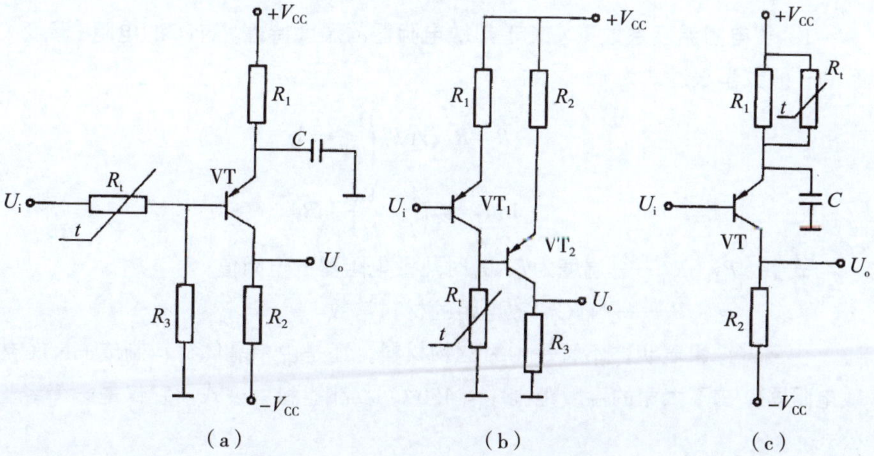

图3-29　热敏电阻对晶体管电路的补偿

（3）电流浪涌保护（突变型）。节能灯及电子镇流器预热启动，如果节能灯灯丝未经预热突加高压启动，则将导致灯丝材料严重溅射，使灯管提前发黑报废，使用PTC热敏电阻，在启动时先预热灯丝1s左右，然后再加高压点亮灯管，能有效地防止灯管两端发黑，同时能防止三极管等灯具线路元件受启动瞬间大电流及高反压冲击，使灯具寿命延长10倍以上（图3-30）。

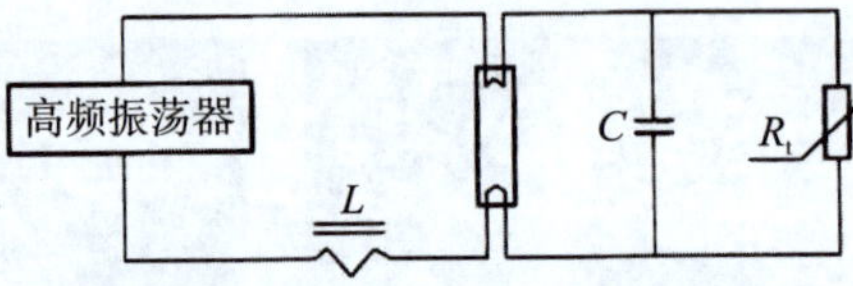

图3-30　节能灯及电子镇流器预热启动原理图

三、任务分析

热敏电阻器主要特性。

（1）热敏电阻器的电阻——温度特性（R_T—T）（图3-31）。

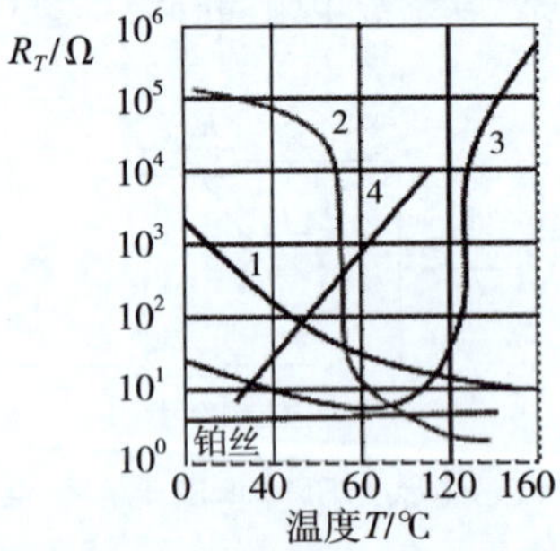

图3-31　热敏电阻的电阻——温度特性曲线

1—NTC　2—CTR　3,4—PTC

1）负电阻温度系数（NTC）热敏电阻器的温度特性。NTC的电阻-温度关系的一般数学表达式为：

$$R_T=R_{T_0}\exp B_N\left(\frac{1}{T}-\frac{1}{T_0}\right)$$

$$\ln R_T=B_N\left(\frac{1}{T}-\frac{1}{T_0}\right)+\ln R_{T_0}$$

式中　R_T、R_{T_0}——温度为T、T_0时热敏电阻器的电阻值；

B_N——NTC热敏电阻的材料常数。

由测试结果表明，不管是由氧化物材料，还是由单晶体材料制成的NTC热敏电阻器，在不太宽的温度范围（<450℃），都能利用该式，它仅是一个经验公式。

如果以$\ln R_T$、$1/T$分别作为纵坐标和横坐标，则上式是一条斜率为B_N，通过点（$1/T$，$\ln R_T$）的一条直线，如图3-32所示。

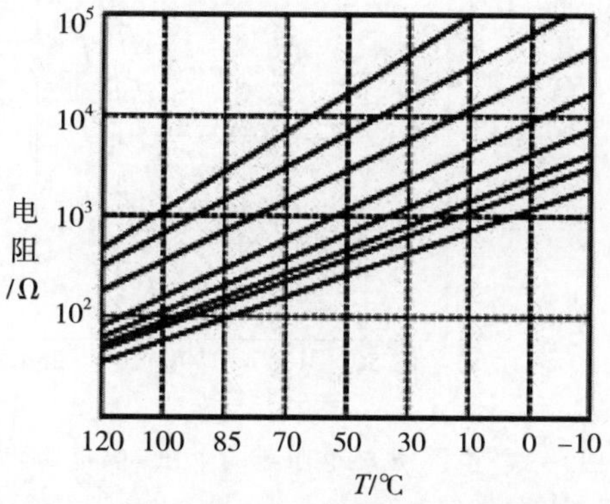

图3-32　NTC热敏电阻器的电阻-温度曲线

材料的不同或配方的比例和方法不同，则B_N也不同。用$\ln R_T$-$1/T$表示负电阻温度系数热敏电阻-温度特性，在实际应用中比较方便。

为了使用方便，常取环境温度为25℃作为参考温度（即T_0=25℃），则NTC热敏电阻器的电阻-温度关系式：

$$\frac{R_T}{R_{25}}=\exp B_N\left(\frac{1}{T}-\frac{1}{298}\right)$$

特性曲线如图3-33所示。

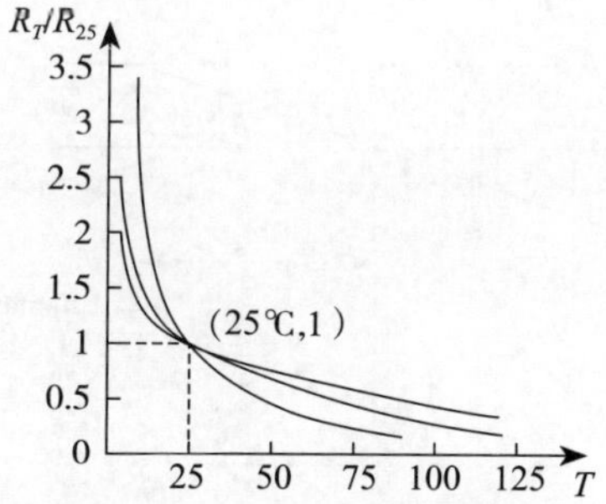

图3-33　R_T/R_{T_0}-T特性曲线

2）正电阻温度系数（PTC）热敏电阻器的电阻-温度特性。其特性是利用正温度热敏材料，在居里点附近结构发生相变引起导电率突变来取得的，典型特性曲线如图3-34所示。

PTC热敏电阻的工作温度范围较窄，在工作区两端，电阻-温度曲线上有两个拐点T_{p1}和T_{p2}。当温度低于T_{p1}时，温度灵敏度低；当温度升高到T_{p1}后，电阻值随温度值剧烈增高（按指数规律迅速增大）；当温度升到T_{p2}时，正温度系数热敏电阻器在工作温度范围内存在温度T_c，对应有较大的温度系数α_{tp}。

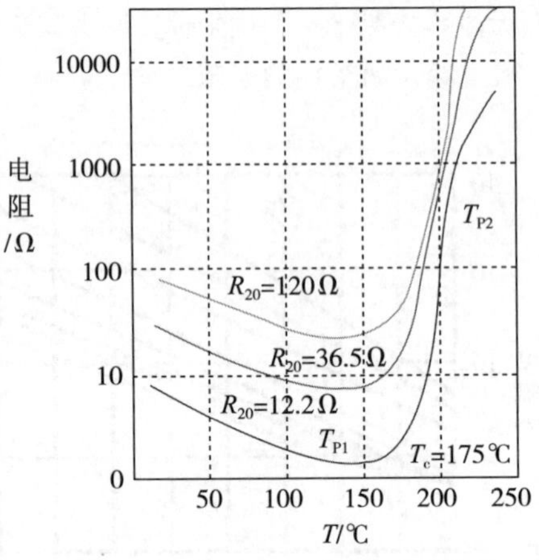

图3-34　PTC热敏电阻器的电阻–温度曲线

经实验证实：在工作温度范围内，正温度系数热敏电阻器的电阻–温度特性可近似用下面的实验公式表示：

$$R_T = R_{T_0} \exp B_p (T - T_0)$$

式中　R_T、R_{T0}——温度分别为T、T_0时的电阻值；

B_P——正温度系数热敏电阻器的材料常数。

若对上式取对数，则得：

$$\ln R_T = B_p (T - T_0) + \ln R_{T_0}$$

以$\ln R_T$、T分别作为纵坐标和横坐标，便得到图3-35。

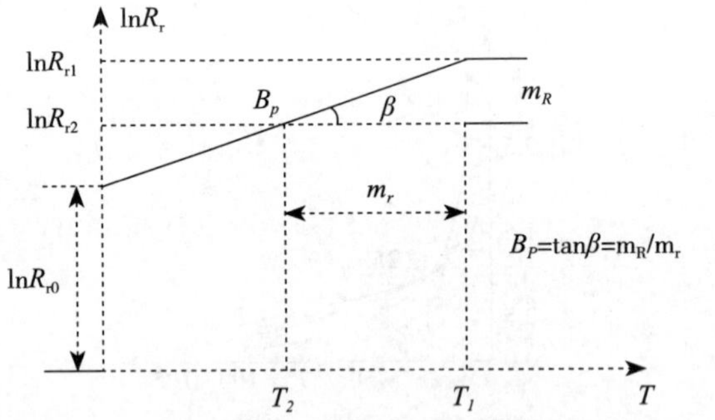

图3-35　$\ln R_T \sim T$表示的PTC热敏电阻器电阻–温度曲线

若对上式微分，可得PTC热敏电阻的电阻温度系数α_{tp}：

$$\alpha_{tp} = \frac{1}{R_T}\frac{dR_T}{dT} = \frac{B_P R_{T_0} \exp B_P (T - T_0)}{R_{T_0} \exp B_P (T - T_0)} = B_P$$

可见：正温度系数热敏电阻器的电阻温度系数α_{tp}，正好等于它的材料常数B_P的值。

（2）热敏电阻器的伏安特性（U–I）。热敏电阻器伏安特性表示加在其两端的电压和通过的电流，在热敏电阻器和周围介质热平衡（即加在元件上的电功率和耗散功率相等）时的互相关系。

1）负温度系数（NTC）热敏电阻器的伏安特性（图3-36）。

该曲线是在环境温度为T_0时的静态介质中测出的静态U–I曲线。

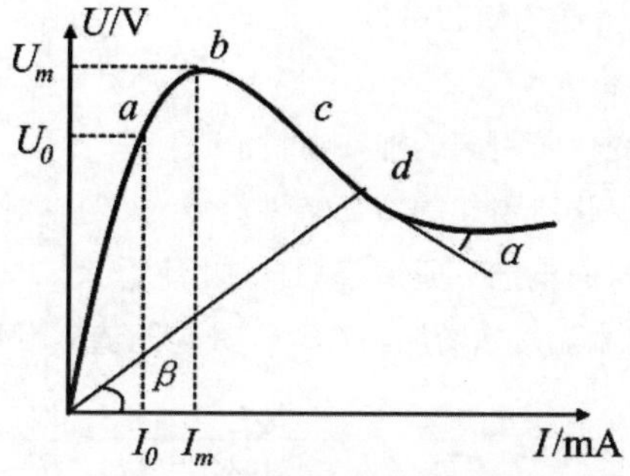

图3-36　NTC热敏电阻的静态伏安特性

热敏电阻的端电压U_T和通过它的电流I有如下关系：

$$U_T = IR_T = IR_0 \exp B_N\left(\frac{1}{T}-\frac{1}{T_0}\right) = IR_0 \exp B_N\left(\frac{\Delta T}{T-T_0}\right)$$

式中　T_0——环境温度；

　　$\wedge T$——热敏电阻的温刀。

2）正温度系数（PTC）热敏电阻器的伏安特性。曲线见图3-37，它与NTC热敏电阻器一样，曲线的起始段为直线，其斜率与热敏电阻器在环境温度下的电阻值相等。这是因为流过电阻器电流很小时，耗散功率引起的温升可以忽略不计的缘故。当热敏电阻器温度超过环境温度时，引起电阻值增大，曲线开始弯曲。

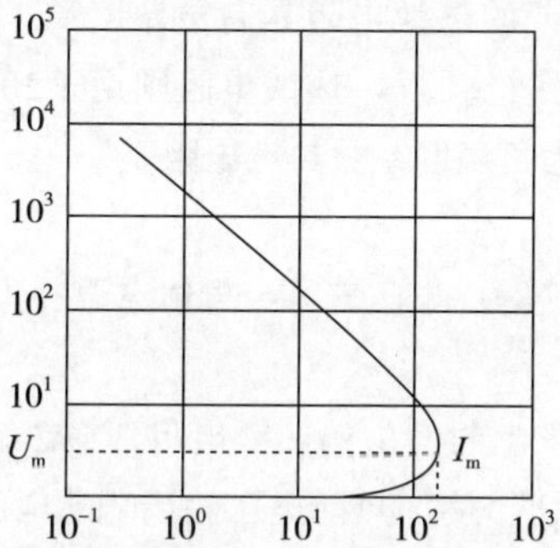

图3-37　PTC热敏电阻器的静态伏安特性

当电压增至U_m时，存在一个电流最大值I_m；如电压继续增加，由于温升引起电阻值增加速度超过电压增加的速度，电流反而减小，即曲线斜率由正变负。

（3）功率–温度特性（P_T—T）。描述热敏电阻器的电阻体与外加功率之间的关系，与电阻器所处的环境温度、介质种类和状态等相关。

（4）热敏电阻器的动态特性。热敏电阻器的电阻值的变化完全是由热现象引起的。因此，它的变化必然有时间上的滞后现象。这种电阻值随时间变化的特性，叫作热敏电阻器的动态特性。

动态特性种类：

1）周围温度变化所引起的加热特性。

2）周围温度变化所引起的冷却特性。

3）热敏电阻器通电加热所引起的自热特性。

当热敏电阻器由温度T_0增加到T_U时，其电阻值R_{Tt}随时间t的变化规律为：

$$\ln R_{Tt}=\frac{B_n}{T_u-(T_u-T_0)\exp(-t/\tau)}-\frac{B_n}{T_a}+\ln R_{Ta}$$

半导体热敏电阻特性研究

式中　R_{Tt}——时间为t时，热敏电阻的阻值；

T_0——环境温度；

T_u——介质温度（$T_u>T_0$）；

R_{Ta}——温度T_a时，热敏电阻器的电阻值；

t——时间。

当热敏电阻由温度T_u冷却至T_0时，其电阻值R_{Tt}与时间的关系为：

$$\ln R_{Tt}=\frac{B_n}{(T_u-T_0)\exp(-t/\tau)}-\frac{B_n}{T_a}+\ln R_{Ta}$$

四、任务实施

1. 目的要求

应用半导体材料制成的热敏电阻具有灵敏度高，可以应用于各领域的特点，热电偶一般测高温线性较好，热敏电阻则用于200℃以下温度较为方便，本实验中所用热敏电阻为负温度系数热敏电阻。

2. 仪器设备

热敏电阻、温度变换器、电压表、半导体点温计（自备）、加热器。

3. 操作步骤

（1）观察装于悬臂梁上封套内的热敏电阻，将热敏电阻介入温度变换器Rt端口，调节“增益”旋钮，使加热前电压输出V_0端电压值尽可能大但不饱和。用温度计测出环境温度T_0并记录。

（2）将半导体点温计探头放入两片应变梁之间的电加热器上，打开加热器，观察点温计的温升和温度变换器V_o端的输出电压变化情况，每升温1℃记录下电压值，待电压稳定后记录下最终温度T_o，填入表3–6。

表3-6

T_0/℃															
V_0/V															

根据表3-6中数据做出$V-T$曲线，求出灵敏度S，$S=\Delta V/\Delta T$。

（3）负温度系数热敏电阻的电阻温度特性可表示为：

$R_t = R_{t0} \exp Bn(1/T - 1/T_0)$

式中：R_t、R_{t0}分别为温度为T、T_0时的阻值，Bn为电阻常数，它与材料激活能有关：

$$Bn = 23026 \frac{\ln R_t/R_{t0}}{\frac{1}{T}-\frac{1}{T_0}}$$

4. 结果分析

（1）绘出实验原理图并加以说明。

（2）列出实验条件，整理所测数据。

五、知识拓展

温度传感器的选用原则

1. 根据测量对象与测量环境确定传感器的类型

要进行一个具体的测量工作，首先要考虑采用何种原理的传感器。这需要分析多方面的因素之后才能确定：因为，即使是测量同一物理量，也有多种原理的传感器可供选用，哪一种原理的传感器更为合适，则需要根据被测量的特点和传感器的使用条件考虑以下一些具体问题：量程的大小；被测位置对传感器体积的要求；测量方式为接触式还是非接触式；信号的引出方法，有线或是非接触测量；传感器的来源，国产还是进口，价格能否承受，还是自行研制。在考虑上述问题之后就能确定选用何种类型的传感器，然后再考虑传感器的具体性能指标。温度是表征物体冷热程度的物理量。温度只能通过物体随温度变化的某些特性来间接测量。

2. 根据灵敏度选择传感器

通常，在传感器的线性范围内，希望传感器的灵敏度越高越好。因为只有灵敏度高时，与被测量变化对应的输出信号的值才比较大，有利于信号处理。但要注意的是，传感器的灵敏度高，与被测量无关的外界噪声也容易混入，也会被放大系统放大，影响测量的精度。因此，要求传感器本身应具有较高的信噪比，尽量减少从外界引入的干扰信号。传感器的灵敏度是有方向性的。当被测量是单向量，而且对其方向性要求较高，则应选择其他方向灵敏度小的传感器；如果被测量是多维向量，则要求传感器的交叉灵敏度越小越好。由于温度测量的普遍性，温度传感器的数量在各种传感器中居首位，约占50%。温度传感器是通过物体随温度变化而改变某种特性来间接测量的。不少材料、元件的特性都随温度的变化而变化，所以能作温度传感器的材料相当多。温度传感器随温度而引起物理参数变化的有：膨胀、电阻、电容、电动势、磁性能、频率、光学特性及热噪声等。

3. 根据频率响应特性选择传感器

传感器的频率响应特性决定了被测量的频率范围，必须在允许频率范围内保持不失真的测量条件，实际上传感器的响应总有一定延迟，希望延迟时间越短越好。传感器的频率响应高，可测的信号频率范围就宽，而由于受到结构特性的影响，机械系统惯性较大，因而频率低的传感器可测信号的频率较低。在动态测量中，应根据信号的特点（稳态、瞬态、随机等）响应特性，以免产生过大的误差。常用的铂电阻有Pt100，电阻温度系数为3.9×10^{-3}/℃，0℃时电阻值为100Ω，电阻变化率为0.3851Ω/℃。在温度阶跃变化时，铂电阻温度传感器的输出变化至量程变化的50%所需的时间称为热响应时间，影响热响应时间的因素与保护管材料、直径、壁厚、长度有关，而且还与其结构形式、安装方法、置入深度以及被测介质的流速、种类有关。

4. 根据线性关系范围选择传感器

传感器的线性关系是指输出与输入的比例关系。从理论上讲，在线性关系范围内，灵敏度保持定值。传感器的线性范围越宽，则其量程越大，并且能保证一定的测量精度。在选择传感器时，当传感器的种类确定以后首先要看其量程是否满足要求。

5. 根据稳定性选择传感器

传感器使用一段时间后，其性能保持不变化的能力称为稳定性。影响传感器长期稳定性的因素除传感器本身结构外，主要是传感器的使用环境。因此，要使传感器具有良好的稳定性，传感器必须要有较强的环境适应能力。在选择传感器之前，应对其使用环境进行调查，并根据具体的使用环境选择合适的传感器，或采取适当的措施，减小环境的影响。传感器的稳定性有定量指标，在超过使用期后，在使用前应重新进行标定，以确定传感器的性能是否发生变化。在某些要求传感器能长期使用而又不能轻易更换或标定的场合，所选用的传感器稳定性要求更严格，要能够经受住长时间的考验。

6. 根据精度选择传感器

精度是传感器的一个重要的性能指标，它是关系到整个测量系统测量精度的一个重要环节。传感器的精度越高，其价格越昂贵，因此，传感器的精度只要满足整个测量系统的精度要求就可以，不必选得过高。这样就可以在满足同一测量目的的诸多传感器中选择比较便宜和简单的传感器。如果测量目的是定性分析的，选用重复精度高的传感器即可，不宜选用绝对量位精度高的；如果是为了定量分析，必须获得精确的测量值，就需选用精度等级能满足要求的传感器。对某些特殊使用场合，无法选到合适的传感器，则需自行设计制造传感器。自制传感器的性能应满足使用要求。

六、思考与练习

1. 填空

（1）热敏电阻按照阻值与温度关系的重要特性可分为__________、__________和__________三种类型。

（2）如果需要测量1000℃和20℃温度时，测量1000℃宜用__________温度传感器，测量20℃宜用__________温度传感器。

2. 问答

（1）试比较热电阻与热敏电阻的异同。

（2）半导体热敏电阻的主要缺点是什么？在电路中是怎样克服的？

项目四 转速的测量

转速是指做圆周运动的物体单位时间内沿圆周绕圆心转过的圈数（与频率不同）。转速传感器是将旋转物体的转速转换为电量输出的传感器。转速传感器属于间接式测量装置，可用机械、电气、磁、光和混合式等方法制造。按信号形式的不同，转速传感器可分为模拟式和数字式两种。由磁敏电阻作感应元件的转速传感器是新型的转速传感器。核心部件是采用磁敏电阻作为检测的元件，再经过全新的信号处理电路令噪声降低，功能更完善。通过与其他类型转速传感器的输出波形对比，所测到转速的误差极小以及线性特性具有很好的一致性，感应对象为磁性材料或导磁材料，如磁钢、铁和电工钢等。当被测体上带有凸起（或凹陷）的磁性或导磁材料，随着被测物体转动时，传感器输出与旋转频率相关的脉冲信号，达到测速或位移检测的发讯目的。

任务一 霍尔传感器的转速测量

一、任务描述

霍尔传感器是根据霍尔效应制作的一种磁场传感器。霍尔效应是磁电效应的一种，这一现象是霍尔（A.H.Hall，1855—1938）于1879年在研究金属的导电机构时发现的。后来发现半导体、导电流体等也有这种效应，而半导体的霍尔效应比金属强得多，利用这种现象制成的各种霍尔元件，广泛地应用于工业自动化技术、检测技术及信息处理等方面。霍尔效应是研究半导体材料性能的基本方法。通过霍尔效应实验测定的霍尔系数，能够判断半导体材料的导电类型、载流子浓度及载流子迁移率等重要参数。

二、任务资讯

1. 霍尔传感器基本原理

金属或半导体薄片置于磁感应强度为B的磁场中，磁场方向垂直于薄片，当有电流I流过薄片时，在垂直于电流和磁场的方向上将产生电动势E_H，这种现象称为霍尔效应（Hall Effect），该电动势称为霍尔电动势（Hall EMF），上述半导体薄片称为霍尔元件（Hall Element）（图4-1）。用霍尔元件做成的传感器称为霍尔传感器（Hall Transducer）。

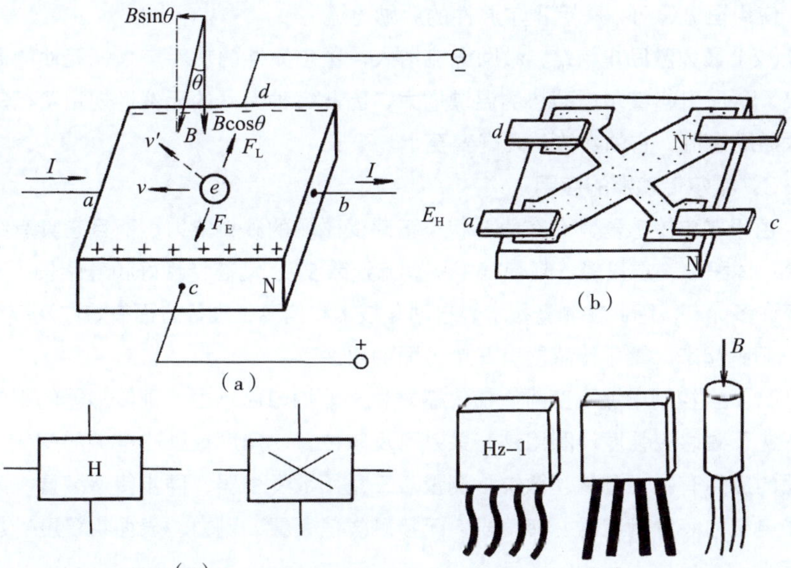

（a）霍尔效应原理图 （b）薄膜型霍尔元件结构示意图 （c）图形符号 （d）外形

图4-1 霍尔元件示意图

霍尔元件属于四端元件：

其中一对（即a、b端）称为激励电流端，另外一对（即c、d端）称为霍尔电动势输出端，c、d端一般应处于侧面的中点。

由实验可知，流入激励电流端的电流I越大、作用在薄片上的磁场强度B越强，霍尔电动势也就越高。霍尔电动势E_H可用下式表示：

$$E_H=K_H IB$$

式中 K_H——霍尔元件的灵敏度。

若磁感应强度B不垂直于霍尔元件，而是与其法线成某一角度θ时，实际上作用于霍尔元件上的有效磁感应强度是其法线方向（与薄片垂直的方向）的分量，即$B\cos\theta$，这时的霍尔电动势为

$$E_H=K_H IB\cos\theta$$

从上式可知，霍尔电动势与输入电流I、磁感应强度B成正比，且当B的方

向改变时，霍尔电动势的方向也随之改变。如果所施加的磁场为交变磁场，则霍尔电动势为同频率的交变电动势。

目前常用的霍尔元件材料是N型硅，霍尔元件的壳体可用塑料、环氧树脂等制造。

2. 霍尔传感器主要特性

（1）输入电阻R_i。恒流源作为激励源的原因：霍尔元件两激励电流端的直流电阻称为输入电阻。它的数值从几十欧到几百欧，视不同型号的元件而定。温度升高，输入电阻变小，从而使输入电流I_{ab}变大，最终引起霍尔电动势变大。使用恒流源可以稳定霍尔原件的激励电流。

（2）最大激励电流I_m。激励电流增大，霍尔元件的功耗增大，元件的温度升高，从而引起霍尔电动势的温漂增大，因此每种型号的元件均规定了相应的最大激励电流，它的数值从几毫安至十几毫安。

3. 霍尔传感器的应用

由于霍尔传感器具有在静态状态下感受磁场的独特能力，而且它具有结构简单、体积小、重量轻、频带宽（从直流到微波）、动态特性好和寿命长、无触点等许多优点，因此在测量技术，自动化技术和信息处理等方面有着广泛应用。

归纳起来，霍尔传感器有三个方面的用途：

（1）当控制电流不变时，使传感器处于非均匀磁场中，则传感器的霍尔电势正比于磁感应强度，利用这一关系可反映位置、角度或励磁电流的变化。这方面的应用有磁场测量、微位移测量、三角函数发生器、同步传递装置、无整流子电机的装置测定器、转速表、无接触发信装置、测力、表面粗糙度、加速度等。

（2）当控制电流与磁感应强度皆为变量时，传感器的输出与这两者乘积成正比。在这方面的应用有乘法器、功率计以及除法、倒数、开方等运算器，此外，也可用于混频、调制、解调等环节中，但由于霍尔元件变换频率低，温度影响较显著等缺点，在这方面的应用受到一定的限制，这有待于元件的材料、工艺等方面的改进或电路上的补偿措施。

（3）若保持磁感应强度恒定不变，则利用霍尔电压与控制电流成正比的关系，可以组成回转器、隔离器和环行器等控制装置。

应用一：霍尔位移传感器。

霍尔位移传感器可制成如图4-2（a）所示的结构，在极性相反、磁场强度相同的两个磁钢的气隙间放置一个霍尔传感元件，当控制电流I_C恒定不变时，霍尔电压U_H与外加磁感应强度成正比；若磁场在一定范围内沿x方向的变化梯度$\frac{dB}{dx}$为一常数，如图4-2（b）所示，则当霍尔元件沿x方向移动时，霍尔电压变化为

$$\frac{dU_H}{dx}=R_H\frac{I_c}{d}\frac{dB}{dx}=K$$

积分后，得

$$U_H=Kx$$

［小提醒］

霍尔电压与位移量x呈线性关系，其输出电压的极性反映了元件位移的方向。

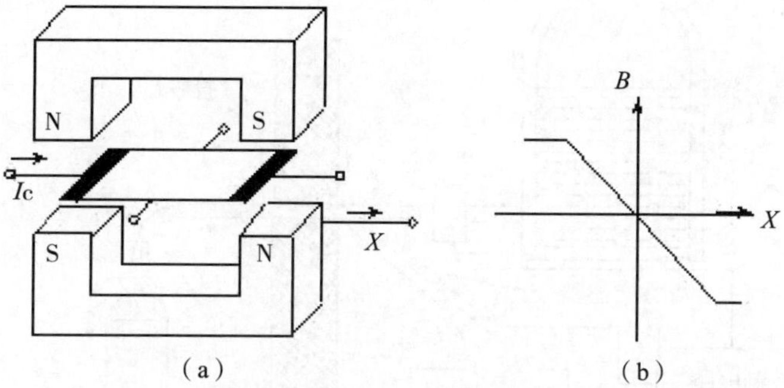

图4-2　霍尔位移传感器

应用二：利用霍尔传感器实现无接触式仿型加工。

现在应用霍尔传感器可做成无接触的探头，以代替原有的靠模机构。图4-3是仿型铣床的工作原理图。在探头的前方设置有永久磁铁，当它靠近模件时，霍尔传感器的输出电压增加，当它离开元件时，霍尔传感器的输出电压就减小，利用放大器和控制电路，可使探头与模件保持一定距离。当探头沿模件移动时，通过随动系统移动铣刀，便可加工出与模件相同形状的工件来。

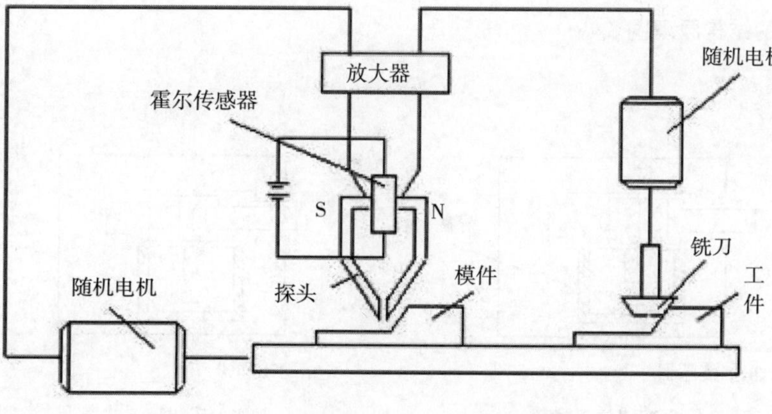

图4-3　无接触式仿型加工原理示意图

应用三：自动供水装置。

自动供水装置可实现凭牌定量供水，具有节约用水而又卫生的优点，其结构如图4-4所示。锅炉中的水由受控于控制电路的电磁阀控制水的流出与关闭。当用水者打开水时，将铁制的取水牌从投牌口投入，取水牌沿着由非磁性物质制作的滑槽向下滑行，当滑行到霍尔传感器位置时，传感器输出信号经控制电路驱动电磁阀打开，水龙头便放出开水，经一定延时之后，控制电路使电磁阀关闭，又恢复停止供水状态。

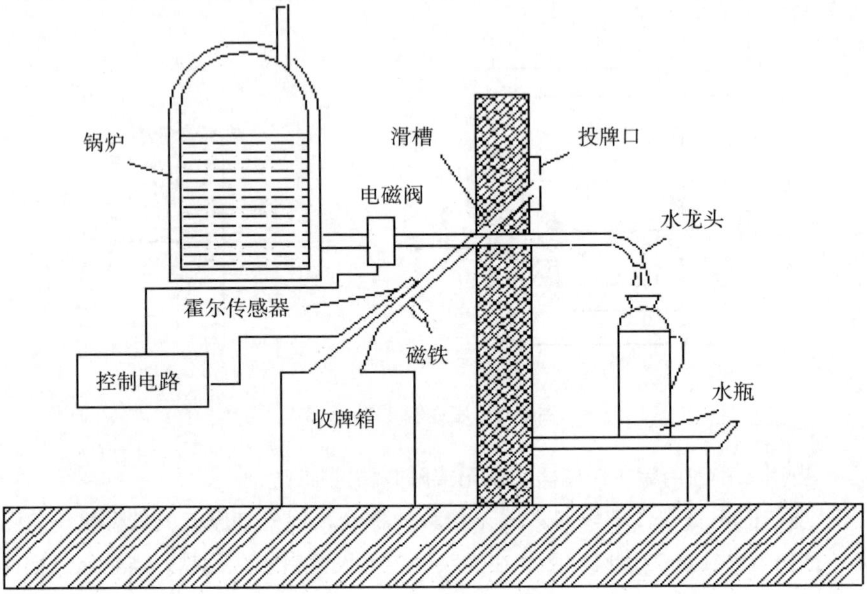

图4-4　自动供水装置

应用四：非接触式键盘开关。

如图4-5所示是一个由霍尔开关集成传感器和两小块永久磁铁构成的键盘开关的结构原理图。

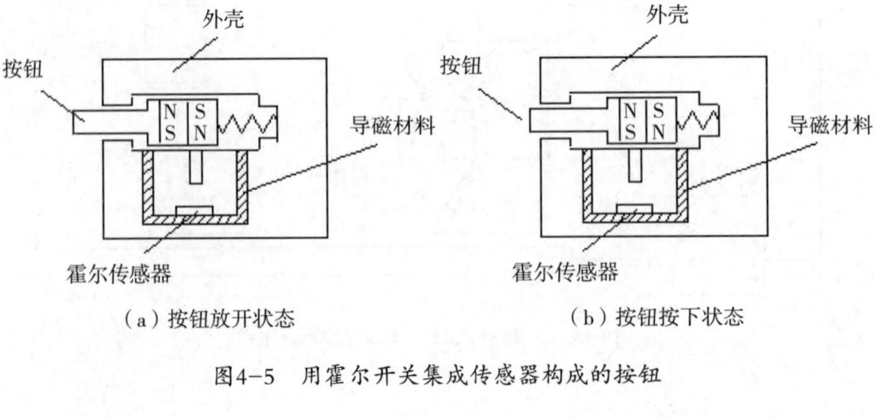

图4-5　用霍尔开关集成传感器构成的按钮

在按钮未按下时，磁铁处于图4-5（a）所示的位置，通过霍尔开关集成传感器的磁力线是由上向下的；在按下按钮时，磁铁位置变化到如图4-5（b）所示的位置，这时通过霍尔传感器的磁力线方向反了过来。在按下按钮前和按下按钮后霍尔传感器输出处于不同的状态，将此输出的开关信号直接与后面的逻辑门电路连接使用即可构成非接触式的电子开关。这种无触点电子开关工作十分稳定可靠，寿命长，被广泛用于计算机终端键盘。

三、任务分析

1. 霍尔传感器的测速原理

霍尔器件是由半导体材料制成的一种薄片，器件的长、宽、高分别为l、b、d。若在垂直于薄片平面（沿厚度d）方向施加外磁场B，在沿l方向的两个端面加一外电场，则有一定的电流流过。由于电子在磁场中运动，所以将受到一个洛仑兹力，其大小为：$f=qVB$。

式中：f——洛仑兹力；q——载流子电荷；V——载流子运动速度；B——磁感应强度。

这样使电子的运动轨迹发生偏移，在霍尔元器件薄片的两个侧面分别产生电子积聚或电荷过剩，形成霍尔电场，霍尔元器件两个侧面间的电位差U_H称为霍尔电压。

霍尔电压大小为：$U_H=R_H \cdot I \cdot B/d$ (mV)

式中：R_H——霍尔常数；d——元件厚度；B——磁感应强度；I—控制电流。

设$K_H=R_H/d$，则$U_H=K_H \cdot I \cdot B/d$ (mV)

为霍尔器件的灵敏系数（mV/mA/T），它表示该霍尔元件在单位磁感应强度和单位控制电流下输出霍尔电动势的大小。应注意，当电磁感应强度B反向时，霍尔电动势也反向。

若控制电流保持不变，则霍尔感应电压将随外界磁场强度而变化，根据这一原理，可以将两块永久磁钢固定在电动机转轴上转盘的边沿，转盘随被测轴旋转，磁钢也将跟着同步旋转，在转盘附近安装一个霍尔元件，转盘随轴旋转时，霍尔元件受到磁钢所产生的磁场影响，输出脉冲信号。传感器内置电路对该信号进行放大、整形，输出良好的矩形脉冲信号，测量频率范围更宽，输出信号更精确稳定，其频率和转速成正比，测出脉冲的周期或频率即可计算出转速。已在工业、汽车、航空等测速领域中得到广泛的应用。

2. 霍尔传感器的类型

根据上述测速原理，霍尔传感器分为开关型霍尔传感器和线性型霍尔传感器两种。

（1）开关型霍尔传感器由稳压器、霍尔元件、差分放大器、斯密特触发器和输出级组成，它输出数字量。开关型霍尔传感器还有一种特殊的形式，称为锁键型霍尔传感器。

（2）线性型霍尔传感器由霍尔元件、线性放大器和射极跟随器组成，它输出模拟量。

霍尔效应

线性霍尔传感器又可分为开环式和闭环式。闭环式霍尔传感器又称零磁通霍尔传感器。线性霍尔传感器主要用于交直流电流和电压测量。

四、任务实施

1. 目的要求

（1）认识霍尔传感器的结构。

（2）掌握霍尔传感器的工作原理、测量方法。

（3）学会利用霍尔传感器测量转速。

2. 仪器设备

0～24V直流稳压电源、+5V直流稳压电源、电压表、频率\转速表、霍尔转速传感器、转动源。

3. 操作步骤

（1）根据图4-6将霍尔转速传感器安装于霍尔架上，传感器的端面对准转盘上的磁钢并调节升降杆使传感器端面与磁钢之间的间隙为2～3mm。

（2）将主机箱中的转速调节电源0～24V旋钮调到最小（逆时针方向转到底）后接入电压表（电压表量程切换开关打到20V挡）；其他接线按图4-6所示连接（注意霍尔转速传感器的三根引线的序号）；将频率\转速表的开关按到转速挡。

检查接线无误后合上主机箱电源开关，在小于12V范围内（电压表监测）调节主机箱的转速调节电源（调节电压改变直流电机电枢电压），观察电机转动及转速表的显示情况。

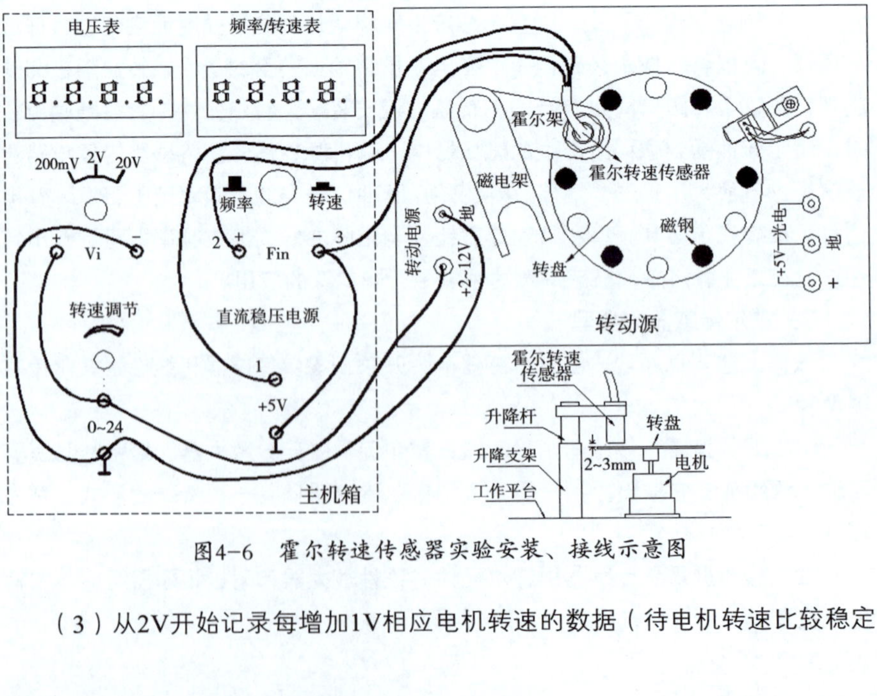

图4-6 霍尔转速传感器实验安装、接线示意图

（3）从2V开始记录每增加1V相应电机转速的数据（待电机转速比较稳定

后读取数据）；画出电机的$V-n$（电机电枢电压与电机转速的关系）特性曲线。实验完毕，关闭电源。

霍尔效应测速模型

4. 结果分析

（1）从2V开始记录每增加1V相应电机转速的数据（待电机转速比较稳定后读取数据）。

（2）画出电机的$V-n$（电机电枢电压与电机转速的关系）特性曲线。

五、知识拓展

霍尔传感器的用途

霍尔器件具有许多优点，它们的结构牢固，体积小，重量轻，寿命长，安装方便，功耗小，频率高（可达1MHz），耐振动，不怕灰尘、油污、水汽及盐雾等的污染或腐蚀。

霍尔线性器件的精度高、线性度好；霍尔开关器件无触点、无磨损、输出波形清晰、无抖动、无回跳、位置重复精度高（可达微米级）。取用了各种补偿和保护措施的霍尔器件的工作温度范围宽，可达－55～150℃。

按被检测的对象的性质可将它们的应用分为直接应用和间接应用。前者是直接检测出受检测对象本身的磁场或磁特性，后者是检测受检对象上人为设置的磁场，用这个磁场来作被检测的信息的载体，通过它，将许多非电、非磁的物理量，例如力、力矩、压力、应力、位置、位移、速度、加速度、角度、角速度、转数、转速以及工作状态发生变化的时间等，转变成电量来进行检测和控制。

六、思考与练习

1. 填空

根据测速原理，霍尔传感器分为______型霍尔传感器和________型霍尔传感器两种。

霍尔式转速传感器

2. 问答

（1）简述霍尔效应。

（2）霍尔灵敏度与霍尔元件厚度之间有什么关系？

任务二　光电传感器的转速测量

一、任务描述

光电传感器是采用光电元件作为检测元件的传感器。它首先把被测量的变化转换成光信号的变化，然后借助光电元件进一步将光信号转换成电信号。光电传感器一般由光源、光学通路和光电元件三部分组成。

二、任务资讯

1. 光电管

以外光电效应原理制作的光电管的结构是由真空管、光电阴极K和光电阳极A组成，其符号和基本工作电路如图4-7所示。当一定频率光照射到光电阴极时，阴极发射的电子在电场作用下被阳极所吸引，光电管电路中形成电流，称为光电流。不同材料的光电阴极对不同频率的入射光有不同的灵敏度，可以根据检测对象是红外光、可见光或紫外光而选择阴极材料不同的光电管。光电管的光电特性如图4-8所示，从图可知，在光通量不太大时，光电特性基本是一条直线。

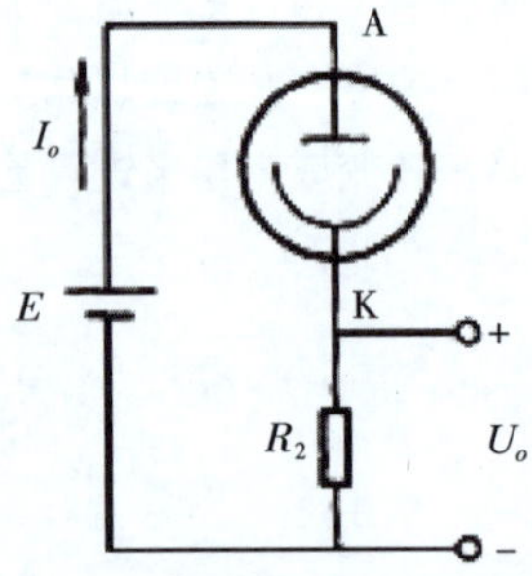

图4-7　光电管符号及工作电路

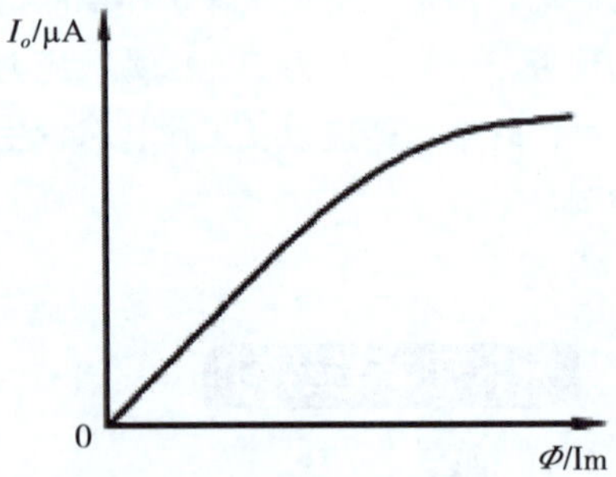

图4-8　光电管的光电特性

2. 光敏电阻

光敏电阻的工作原理是基于内光电效应。在半导体光敏材料的两端装上电极引线，将其封在带有透明窗的管壳里就构成了光敏电阻。光敏电阻的特性和参数如下：

（1）暗电阻。光敏电阻置于室温、全暗条件下的稳定电阻值称为暗电阻，此时流过电阻的电流称为暗电流。

（2）亮电阻。光敏电阻置于室温和一定光照条件下测得的稳定电阻值称为亮电阻，此时流过电阻的电流称为亮电流。

（3）伏安特性。光敏电阻两端所加的电压和流过光敏电阻的电流间的关系称为伏安特性，如图4-9所示。从图中可知，伏安特性近似直线，但使用时应限制光敏电阻两端的电压，以免超过虚线所示的功耗区。

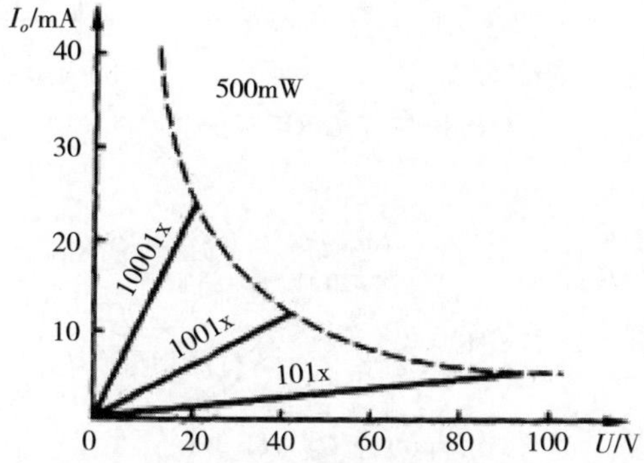

图4-9 光敏电阻的伏安特性

（4）光电特性。光敏电阻两极间电压固定不变时，光照度与亮电流间的关系称为光电特性。光敏电阻的光电特性呈非线性，这是光敏电阻的主要缺点之一。

（5）光谱特性。入射光波长不同时，光敏电阻的灵敏度也不同。入射光波长与光敏器件相对灵敏度间的关系称为光谱特性。使用时可根据被测光的波长范围，选择不同材料的光敏电阻。

（6）响应时间。光敏电阻受光照后，光电流需要经过一段时间（上升时间）才能达到其稳定值。同样，在停止光照后，光电流也需要经过一段时间（下降时间）才能恢复到其暗电流值，这就是光敏电阻的时延特性。光敏电阻上升响应时间和下降响应时间为10^{-1}～10^{-2}s，即频率响应为10～1000Hz，可见光敏电阻不能用在要求快速响应的场合，这是光敏电阻的一个主要缺点。

（7）温度特性。光敏电阻受温度影响甚大，温度上升，暗电流增大，灵敏度下降，这也是光敏电阻的另一缺点。

3. 光敏晶体管

（1）光敏晶体管原理。这里的光敏晶体管指的是光敏二极管和光敏三极管。它的工作原理也是基于内光电效应。

光敏二极管的结构与一般二极管相似，它的PN结装在管的顶部，可以直接受到光照射，光敏二极管在电路中一般处于反向工作状态图4-10（a）给出光敏二极管的结构示意图及符号，图4-10（b）给出光敏二极管的接线图，光敏二极管在不受光照射时处于截止状态，受光照射时光敏二极管处于导通状态。

光敏三极管有PNP型和NPN型两种，它的结构、等效电路、图形符号及应用电路如图4-11所示。光敏三极管工作原理是由光敏二极管与普通三极管的工作原理组合而成。如图4-11（b）所示，光敏三极管在光照作用下，产生基极电流，即光电流，与普通三极管的放大作用相似，在集电极上则产生是光电流β倍的集电极电流，所以光敏三极管比光敏二极管具有更高的灵敏度。

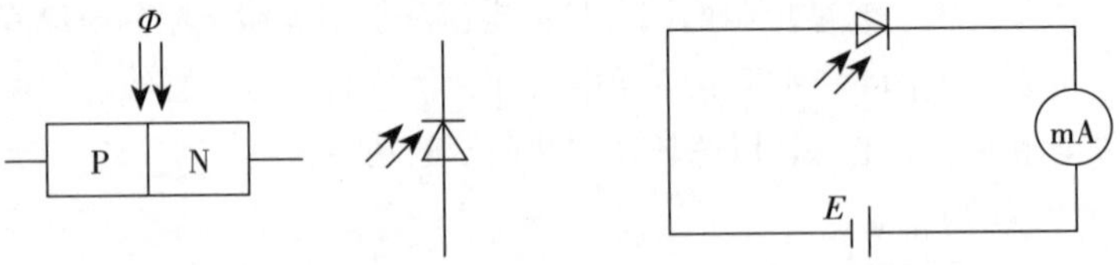

（a）结构示意图及符号　　（b）接线图

图4-10　光敏二极管

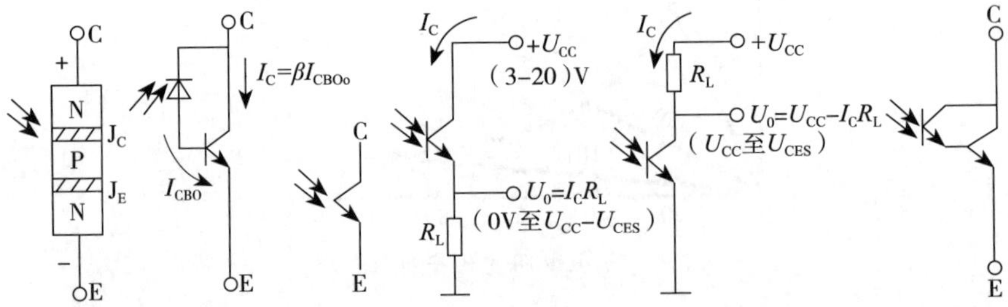

（a）结构　（b）等效电路　（c）图形符号　（d）应用电路（e）光敏达林顿三极管

图4-11　光敏三极管

有时生产厂家还将光敏三极管与另一只普通三极管制作在同一个管壳里，连接成复合管形式，如图4-11（e）所示，称为达林顿型光敏三极管。它的灵敏度更大（$\beta=\beta_1\beta_2$），但达林顿光敏三极管的漏电流（暗电流）较大，频响较差，温漂也较大。

（2）光敏晶体管的基本特性

1）光谱特性。光敏晶体管硅管的峰值波长为0.9μm左右，锗管的峰值波长为1.5μm左右。由于锗管的暗电流比硅管大，因此，一般来说，锗管的性能较差，故在可见光或探测炽热状态物体时，都采用硅管。但对红外光进行探测时，则锗管较为合适。

2）伏安特性。图4-12所示为锗光敏三极管的伏安特性曲线。光敏三极管在不同照度E_e下的伏安特性，就像一般三极管在不同的基极电流时的输出特性一样，只要将入射光在发射极与基极之间的PN结附近所产生的光电流看作基极电流，就可将光敏三极管看成一般的三极管。

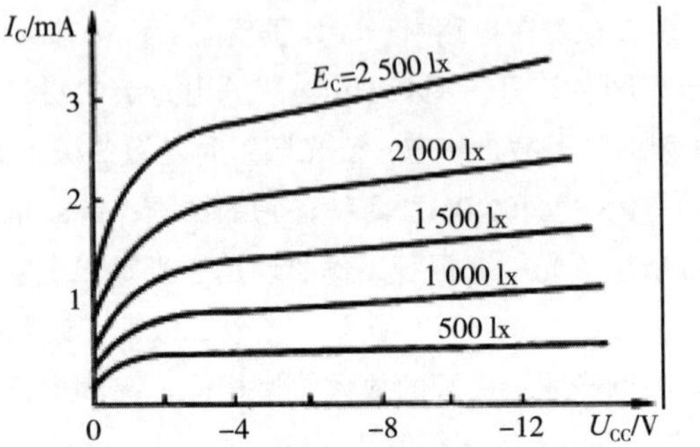

图4-12　光敏三极管的伏安特性

3）光电特性。光敏晶体管的输出电流I_e和光照度E_e之间关系可近似地看作线性关系。

4）温度特性。锗光敏晶体管的温度变化对输出电流的影响较小，主要由光照度所决定，而暗电流随温度变化很大。因此，应用时必须在线路上采取措施进行温度补偿。

5）响应时间。硅和锗光敏二极管的响应时间分别为10^{-6}s和10^{-4}s左右，光敏三极管的响应时间比相应的二极管约慢一个数量级，因此，在要求快速响应或入射光调制频率较高时选用硅光敏二极管较合适。

4. 光电池

光电池的工作原理是基于光生伏特效应。它的种类很多，有硅、硒、硫化铊、碲化镉等，其感光灵敏度随材料和工艺方法的不同而有差异，目前，应用最广泛的是硅光电池，它具有性能稳定，光谱范围宽，频率特性好，传递效率高等优点，但对光的响应速度还不够高。另外，由于硒光电池的光谱峰值位置在人眼的视觉范围内，所以很多分析仪器、测量仪器也常用到它，下面着重介绍硅光电池的基本特性。

（1）光谱特性。图4-13所示为硒光电池和硅光电池的光谱特性曲线，即相对灵敏度K_r和入射光波长λ之间的关系曲线。从曲线上可看出，不同材料光电池的光谱峰值位置是不同的。例如，硅光电池可在0.45～1.1μm范围内使用，而硒光电池只能在0.34～0.57μm范围内使用。

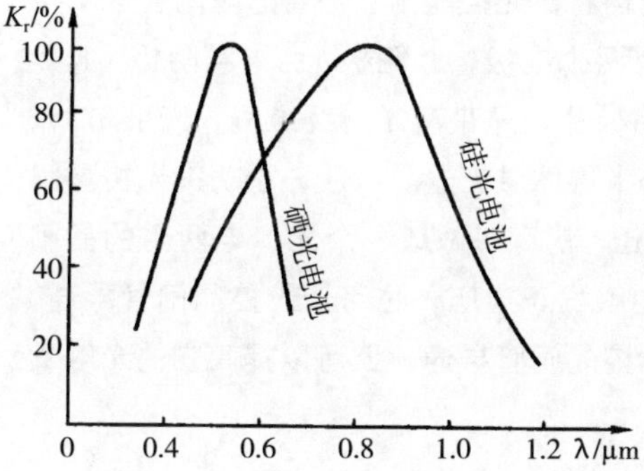

图4-13　光电池的光谱特性

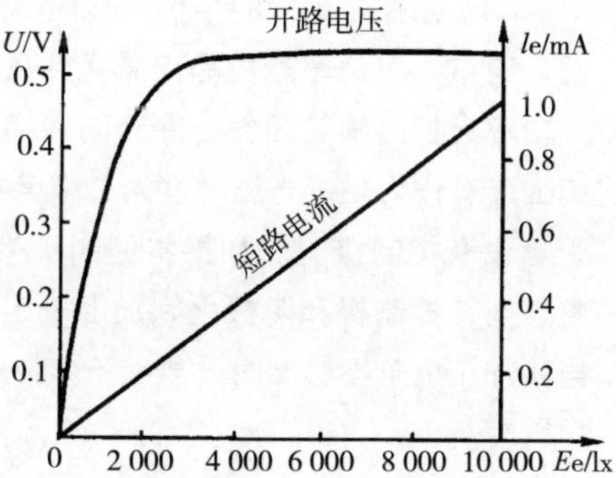

图4-14　电池的光电特性

（2）光电特性。图4-14所示为硅光电池的光电特性曲线，其中光生电动势U与光照度E_e间的特性曲线称为开路电压曲线；光电流强度I_e与E_e间的特性曲线称为短路电流曲线。

从图中可以看出，短路电流在很大范围内与光照度呈线性关系，开路电压与光照度的关系是非线性的，且在照度2000 lx照射下就趋于饱和了。因此，用光电池作为敏感元件时，应该把它当作电流源的形式使用，即利用短路电流与光照度成线性的特点，这也是光电池的主要优点之一。

（3）频率特性。硅光电池具有较高的频率特性响应，而硒光电池较差。因此，在高速计数器、有声电影以及其他方面多采用硅光电池。

（4）温度特性。光电池的温度特性是描述光电池的开路电压U、短路电流I随温度t变化的曲线。由于它关系到应用光电池设备的温度漂移，影响到测量精度或控制精度等主要指标，因此，温度特性是光电池的重要特性之一。光电池的开路电压随温度增加而下降的速度较快，短路电流随温度上升而增加的速度却很缓慢，因此，在将光电池作为敏感元件的自动检测系统设计时就应该考虑到温度的漂移，需采取相应措施进行补偿。

5. 光控晶闸管

（1）概述。光控晶闸管是一种利用光信号控制的开关器件，它的伏安特性和普通晶闸管相似，只是用光触发代替了电触发。光触发与电触发相比，具有下述优点：① 主电路与控制电路通过光耦合，可以抑制噪波干扰；② 主电路与控制电路相互隔离，容易满足对高压绝缘的要求；③ 使用光控晶闸管，不需要晶闸管门极触发脉冲变压器等器件，从而可使重量减轻、体积减小、可靠性提高。

由于光控晶闸管具有独特的光控特性，已作为自动控制元件而广泛用于光继电器、自控、隔离输入开关、光计数器、光报警器、光触发脉冲发生器、液位、料位、物位控制等方面，大功率光控晶闸管元件主要用于大电流脉冲装置和高压直流输电系统。

（2）光控晶闸管的结构。从内部结构看，光控晶闸管与普通晶闸管基本相同，通常，小功率光控晶闸管元件只有两个电极，即阳极（A）和阴极（K）。大功率光控晶闸管元件，除有阳极和阴极外，还带有光导纤维线（光缆），光缆上装有作为触发光源的发光二极管或半导体激光器。一般，小功率光控晶闸管是没有控制极的。如果将控制极引出，就可以做成一个光、电两用的晶闸管，当在控制极和阴极之间加上一定的触发正电压，也可使光控晶闸管导通；当所加正电压不够高时，虽然不能使光控晶闸管导通，但可以提高它的光触发灵敏度。

（3）光控晶闸管的特性参数

1）伏安特性。光控晶闸管的伏安特性曲线形状与普通晶闸管的相同。如果使加有正向电压的光控晶闸管元件受不同强度光的照射时，则光控晶闸管的转折电压将随着光照强度的增大而降低。

2）光控晶闸管的参数。光控晶闸管的一般参数的意义与普通晶闸管相同。触发参数是光控晶闸管所特有的，下面介绍光控晶闸管的两个参数。

① 触发光功率。加有正向电压的光控晶闸管由阻断状态转变成导通状态所需的输入光功率称为触发光功率，其值一般为几毫瓦到十几毫瓦。

② 光谱响应范围。光控晶闸管只对一定波长范围的光敏感，超出该波长范围，再强的光也不能使它导通。光控晶闸管元件的光谱响应范围在

0.55～1.0μm，峰值波长约为0.85μm。用于触发光控晶闸管的光源，有Nd：YAG激光器、GaAs发光二极管和激光二极管。对小功率光控晶闸管元件，可根据具体情况选用合适波长的光源，如白炽灯、太阳光等。

（4）触发方式。光控晶闸管的光触发方式有两种，即直接式和间接式。直接触发方式适合小功率光控晶闸管元件，也可以不用光缆传送光信号，让光源靠近光控晶闸管进行照射触发，或者把发光二极管与光控晶闸管组装在一起组成光电耦合开关。直接触发方式的优点是电路简单、噪声低、可靠性高。间接触发方式利用光电转换电路把光信号变成电信号，用此电信号去触发晶闸管或先用信号触发小电流的高压光控晶闸管元件，然后再用此小电流元件去触发普通快速高压大功率晶闸管元件。这种间接触发方式的优点是可靠性高，其缺点是配合使用的电路复杂。

6. 光电传感器的应用

（1）光电传感器的模拟量检测

1）光电比色温度计。光电比色温度计是根据热辐射定律，使用光电池进行非接触测温的一个典型例子。根据有关的辐射定律，物体在两个特定波长λ_1、λ_2上的$I_{\lambda 1}$、$I_{\lambda 2}$之比与该物体的温度成指数关系。

$$I_{\lambda 1}/I_{\lambda 2}=K_1 e^{-K_2}$$

式中　K_1、K_2为与λ_1、λ_2及物体的黑度有关的常数。

因此，我们只要测出$I_{\lambda 1}$、$I_{\lambda 2}$之比，就能算出物体的温度T。图4-15所示为光电比色温度计的原理图。

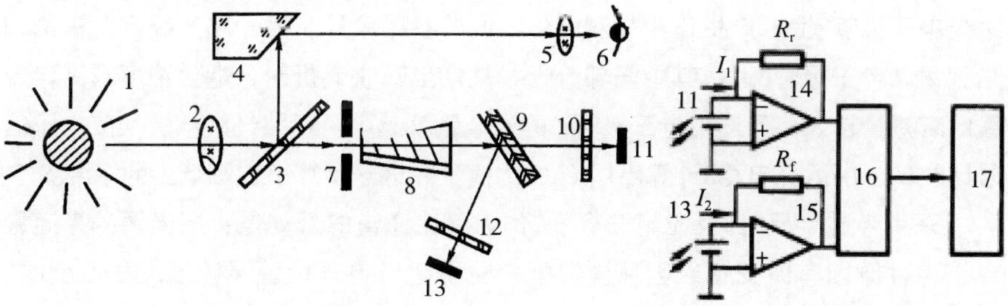

（a）光路图　　（b）测量转换电路

图4-15　光电比色温度计原理图

1—测温对象　2—物镜　3—半透半反镜　4—反射镜　5—目镜
6—观察者的眼睛　7—光阑　8—光导棒　9—分光镜　10、12—滤光片
11、13—硅光电池　14、15—电流/电压变换器　16—运算电路　17—显示器

测温对象发出的辐射光经物镜2投射到半透半反镜3上，它将光线分为两路：第一路光线经反射镜4、目镜5到达使用者的眼睛，以便瞄准测温对象；第二路光线穿过半透半反镜成像于光阑7，通过光导棒8混合均匀后投射到分光镜9上，分光镜的功能是使红外光通过，可见光反射。红外光透过分光镜到达滤

光片10，滤光片的功能是进一步起滤光作用，它只让红外光中的某一特定波长λ_1的光线通过，最后被硅光电池11所接收，转换为与$I_{\lambda 1}$成正比的光电流I_1。滤光片12的作用是只让某一特定波长的光线通过，最后被硅光电池13所接收，转换为与λ_2成正比的光电流I_2。I_1、I_2分别经过电流／电压变换器14、15转换为电压U_1、U_2，再经过运算电路16算出U_1／U_2值。由于U_1／U_2值可以代表$I_{\lambda 1}$／$I_{\lambda 2}$，故采用一定的办法可以计算出被测物的温度T，由显示器17显示出来。

2）光电式烟尘浓度计。工厂烟囱烟尘的排放是环境污染的重要来源，为了控制和减少烟尘的排放量，对烟尘的监测是必要的。图4-16所示为光电式烟尘浓度计的原理图。

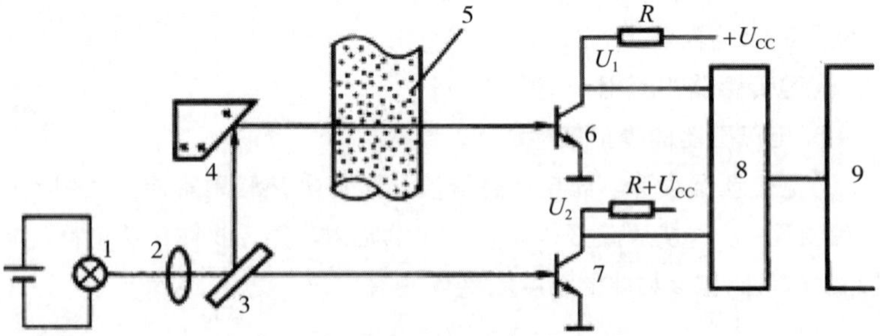

图4-16　光电式烟尘浓度计原理图

1—光源　2—聚光透镜　3—半透半反镜　4—反射镜

5—被测烟尘　6、7—光电三极管　8—运算器　9—显示器

光源发出的光线经半透半反镜分成两束强度相等的光线，一路光线直接到达光电三极管7上，产生作为被测烟尘浓度的参比信号。另一路光线穿过被测烟尘到达光电三极管6上，其中一部分光线被烟尘吸收或折射，烟尘浓度越高，光线的衰减量越大，到达光电三极管 6的光通量就越小。两路光线均转换成电压信号U_1、U_2，由运算电路8计算出U_1/U_2的比值，并进一步算出被测烟尘的浓度。

采用半透半反镜3及光电三极管7作为参比通道的好处是：当光源的光通量由于种种原因有所变化或因环境温度变化引起光电三极管灵敏度发生改变时，由于两个通道结构完全一样，所以在最后运算U_1／U_2值时，上述误差可自动抵消，减小了测量误差。根据这种测量方法也可以制作烟雾报警器，从而及时发现火灾现场。

3）光电式边缘位置检测器。光电式边缘位置检测器是用来检测带型材料在生产过程中偏离正确位置的大小及方向，从而为纠偏控制电路提供纠偏信号。例如，在冷轧带钢厂中，某些工艺采用连续生产方式，如连续酸洗、退火、镀锡等。带钢在上述运动过程中易产生走偏。带材走偏时，边缘便常与传送机械发生碰撞而出现卷边，造成废品。在其他工业部门如印染、造纸、胶片、磁带等生产过程中也会发生类似问题。

图4-17（a）所示为光电式边缘位置检测传感器的原理图。光源1发出的光线经透镜2会聚为平行光束投射到透镜3，再被会聚到光敏电阻4（R_1）上。在平行光束到达透镜3的途中，有部分光线受到被测带材的遮挡，从而使到达光敏电阻的光通量减小。图4-17（b）所示为测量电路简图。图中，R_1、R_2是同型号的光敏电阻，R_1作为测量元件装在带材下方，R_2用遮光罩罩住，起温度补偿作用，当带材处于正确位置（中间位置）时，由R_1、R_2、R_3、R_4组成的电桥平衡，放大器输出电压U_0为零。当带材左偏时，遮光面积减小，到达光敏电阻的光通量增大，光敏电阻的阻值R_1随之减小，电桥失去平衡，差分放大器将这平衡电压加以放大，输出电压U_0为正值，它反映了带材跑偏的方向及大小。反之，当带材右偏时，U_0为负值。输出信号U_0一方面由显示器显示出来，另一方面被送到执行机构，为纠偏控制系统提供纠偏信号。需要说明，输出电压仅作为控制信号，而不要求精确测量带材偏离的大小，所以光电元件可用光敏电阻，若要求精确测量就不能使用光敏电阻（光敏电阻线性较差）。

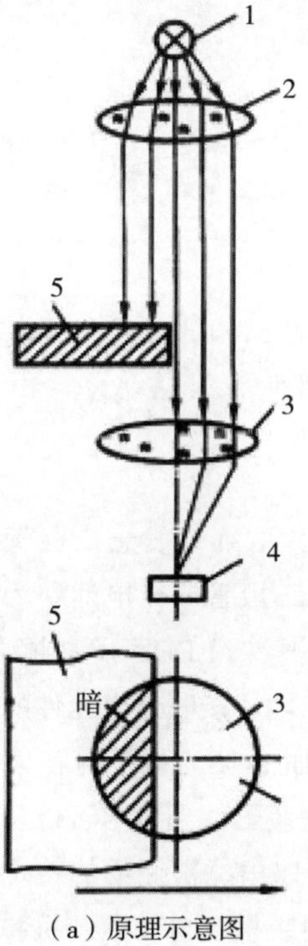

（a）原理示意图

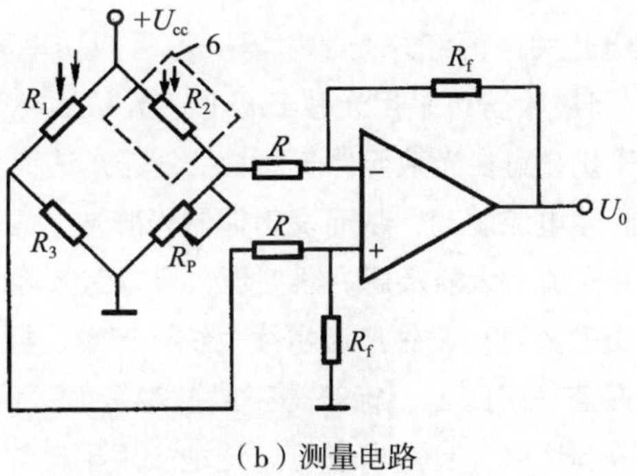

（b）测量电路

图4-17　光电式边缘位置检测器

1—光源　2、3—透镜　4—光敏电阻　5—被测带材　6—遮光罩

（2）光电式传感器的数字量检测。

光电开关和光电断续器是光电式传感器的数字量检测的常用器件，它们是用来检测物体的靠近、通过等状态的光电传感器。近年来，随着生产自动化、

机电一体化的发展，光电开关及光电断续器已发展成系列产品，其品种及产量日益增加，用户可根据生产需要，选用适当规格的产品，而不必自行设计光路及电路。

从原理上讲，光电开关及光电断续器没有太大的差别，都是由红外发射元件与光敏接收元件组成，只是光电断续器是整体结构，其检测距离只有几毫米至几十毫米，而光电开关的检测距离可达数十米。

1）光电开关。光电开关可分为两类：遮断型和反射型，如图4-18所示。

图4-18（a）中，发射器和接收器相对安放，轴线严格对准。当有物体在两者中间通过时，红外光束被遮断，接收器接收不到红外线而产生一个电脉冲信号。反射型分为两种情况：反射镜反射型及被测物体反射型（简称散射型），分别如图4-18（b）、（c）所示。反射镜反射型传感器单侧安装，需要调整反射镜的角度以取得最佳的反射效果，它的检测距离不如遮断型。散射型安装最为方便，并且可以根据被检测物上的黑白标记来检测，但散射型的检测距离较小，只有几百毫米。

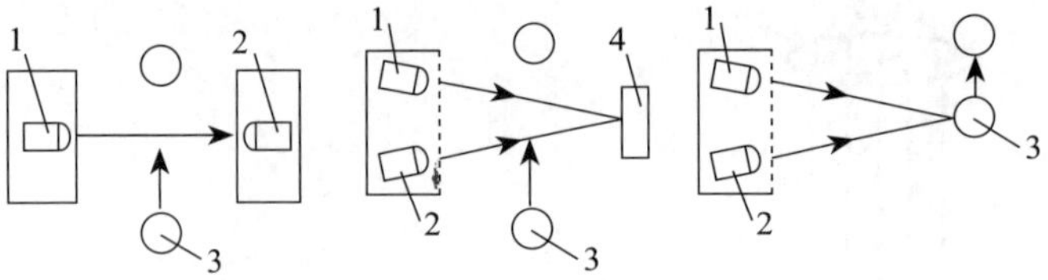

（a）遮断型　（b）反射镜反射型　（c）散射型

图4-18　光电开关类型及应用

1—发射器　2—接收器　3—被测物　4—反射镜

光电开关中的红外光发射器一般采用功率较大的红外发光二极管（红外LED），而接收器可采用光敏三极管、光敏达林顿三极管或光电池。为了防止日光的干扰，可在光敏元件表面加红外滤光透镜。其次，LED可用高频（40kHz左右）脉冲电流驱动，从而发射调制光脉冲，相应地，接收光电元件的输出信号经选频交流放大器及解调器处理，可以有效地防止太阳光的干扰。

光电开关可用于生产流水线上统计产量、检测装配件到位与否以及装配质量（如瓶盖是否压上、标签是否漏贴等），并且可以根据被测物的特定标记给出自动控制信号。目前，它已广泛地应用于自动包装机、自动灌装机和装配流水线等自动化机械装置中。

2）光电断续器。光电断续器的工作原理与光电开关相同，但其光电发射、接收器做在体积很小的同一塑料壳体中，所以两者能可靠地对准，其外形如图4-19所示。它也可分成遮断型和反射型两种。遮断型（也称槽型）的槽宽、槽深及光敏元件各不相同，并已形成系列化产品，可供用户选择。反射型的检测距离较小，多用于安装空间较小的场合。由于检测范围小，光电断续器的发光二极管可以直接用直流电驱动，红外LED的正向压降约为1.2～1.5V，驱动电流控制在几十毫安。

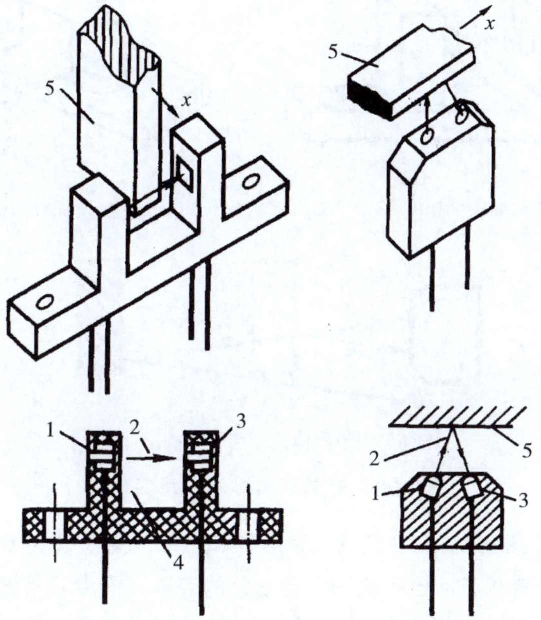

（a）遮断型　　（b）反射型

图4-19　光电断续器

1—发光二极管　2—红外光　3—光电元件　4—槽　5—被测物

光电断续器是价格便宜、结构简单、性能可靠的光电器件，它广泛应用于自动控制系统、生产流水线、机电一体化设备、办公设备和家用电器中。例如，在复印机中，它被用来检测复印纸的有无；在流水线上检测细小物体的通过及透明物体的暗色标记等。图4-20所示为光电断续器的部分应用。

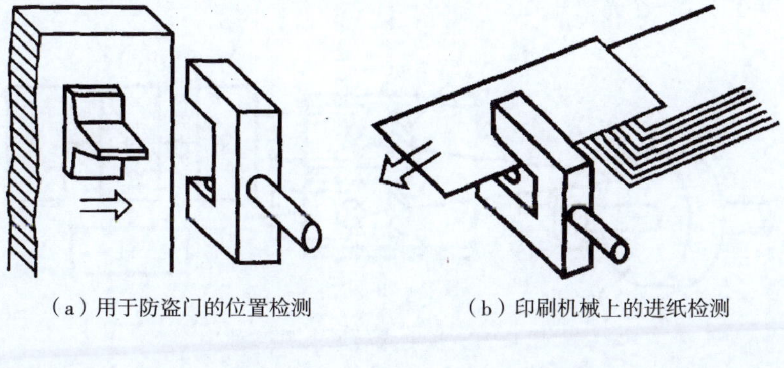

（a）用于防盗门的位置检测　　（b）印刷机械上的进纸检测

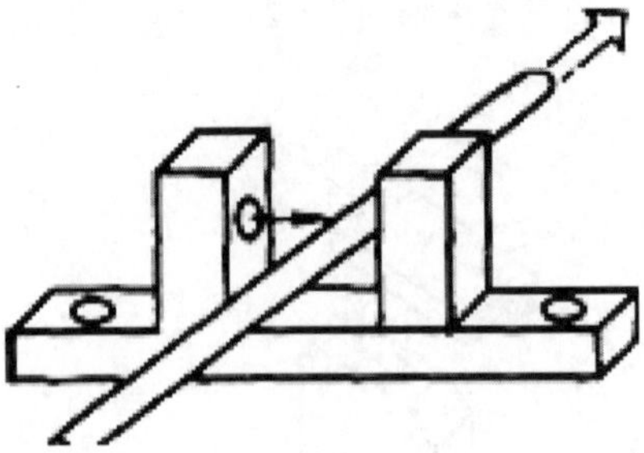

（c）线料断否的检测

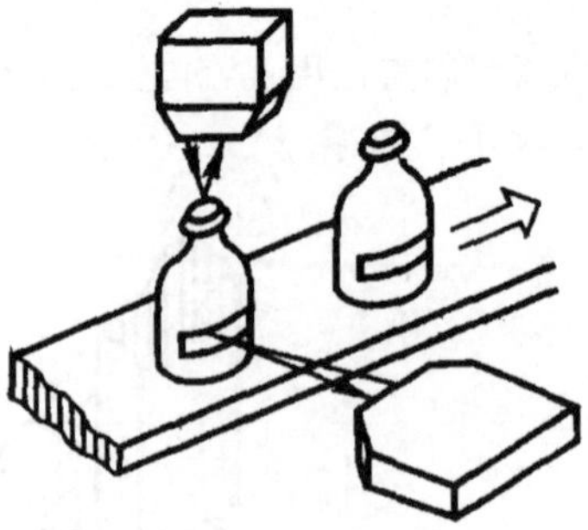

（d）瓶盖及标签的检测

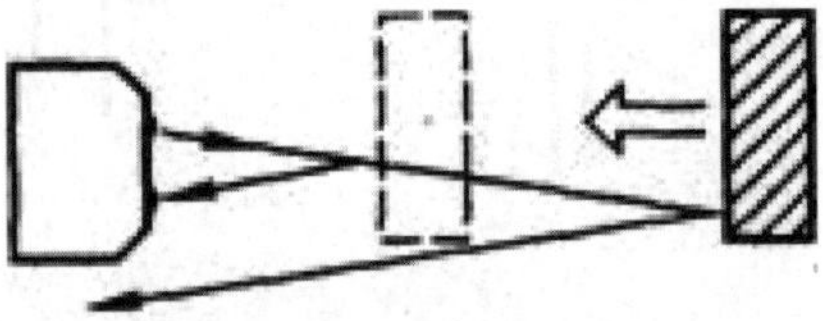

（e）用于物体接近与否的检测

图4-20 光电断续器的应用实例

3）光电式转速表。由于机械式转速表和接触式电子转速表精度不高，且影响被测物的运转状态，已不能满足自动化的要求。光电式转速表有反射式和透射式两种，它可以在距被测物数十毫米处非接触地测量其转速。由于光电器件的动态特性较好，所以可以用于高转速的测量而又不影响被测物的转动，图4-21所示为利用光电开关制成的反射式光电转速表的原理图。

光源1发出的光线经透镜2会聚成平行光束照射到旋转物上，光线经事先粘贴在旋转物体上的反光纸4反射回来，经透镜5聚焦后落在光敏二极管6上，它产生与转速对应的电脉冲信号，经放大整形电路8得到电平的脉冲信号，经频率计电路9处理后由显示器10显示出每分钟或每秒钟的转数即转速。反光纸在圆周上可等分地贴多个，从而减少误差和提高精度。这里由于测量的是数字量，所以可不用参比信号。事实上，图4-21中的光源、透镜、光敏二极管和遮光罩就组成了一个光电开关。

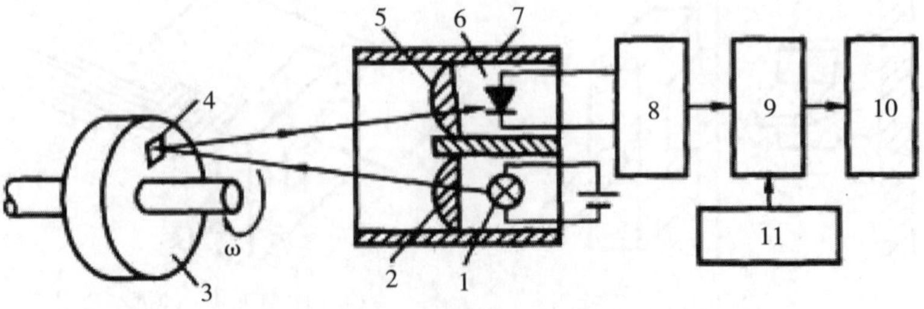

图4-21 光电式转速表原理图

1—光源 2、5—透镜 3—被测旋转物 4—反光纸 6—光敏二极管
7—遮光罩 8—放大整形电路 9—频率计电路 10—显示器 11—时基电路

应该指出，用被测物反射形式的光电传感器并不仅仅用于数字量的检测，也可用于模拟量的检测，如纸张白度的测量。而用于模拟量检测的光路系统就与数字量的不同，除检测信号外，还必须有参比信号。

光电测速模型

三、任务分析

如图4-22所示，光电传感器由红外发射二极管、红外接收管、达林顿输出管及波形整形组成。发射管发射红外光经电机反射面反射，接收管接收到反射信号，经放大，波形整形输出方波，再经转换测出其频率。

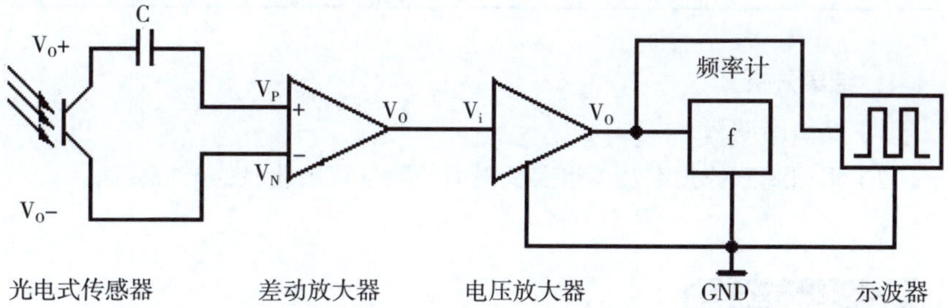

图4-22　光电传感器测试电路

［小任务］

在你日常接触到的电气设备中，都有哪些设备用到这些常用的光电元件？能否简单说明一下这些光电元件在设备中的作用？

四、任务实施

1. 目的要求

（1）认识光电传感器的种类。

（2）掌握光电传感器的工作原理。

（3）学会利用光电传感器测量转速。

2. 仪器设备

光电式传感器、JK-19型直流恒压电源、示波器、差动放大器、电压放大器、频率计。

3. 操作步骤

（1）先将差动放大器调零，接线。

（2）光电式+，−端分别接至直流恒压电源0～12V的+，−端。

（3）V_i+，V_i−分别接直流恒压电源的+6V和GND，并与±15V处的GND相连。

（4）调节电压粗调旋钮使电机转动。

（5）根据测到的频率及电机上反射面的数目算出此时的电机转速；

即：$N=P\times60\div6$（r/min）（式中P是频率计显示值 r/s）填入表4-1中。

（6）实验完毕，先关闭直流恒压电源。

表4-1 转速与周期、频率关系表

序号	1	2	3	4	5	6	7	8	9	10
周期/mV										
频率/Hz										
转速/r/min										

光电式传感器工作原理和检测

4. 结果分析

（1）测出周期和频率。

（2）根据测到的频率及电机上反射面的数目算出此时的电机转速。

五、知识拓展

光电效应

光电元件的理论基础是光电效应。光电效应就是在光线作用下，物体吸收光能量而产生相应电效应的一种物理现象，通常可分为外光电效应、内光电效应和光生伏特效应三种类型。

（1）在光线作用下，电子从物体表面逸出的物理现象，称为外光电效应，也称光电发射效应。基于外光电效应的光电元件有光电管。

（2）在光线作用下，物体电阻率发生变化的现象称为内光电效应，又称为光电导效应。基于内光电效应的光电元件有光敏电阻和光敏晶体管。

（3）在光线作用下，物体产生一定方向电动势的现象称为光生伏特效应。基于光生伏特效应的光电元件是光电池。

六、思考与练习

1. 比较光电池、光敏晶体管、光敏电阻及光电倍增管使用性能上的差别。
2. 简述光电传感器的主要形式及其应用。

项目五　气体和湿度的测量

现代生活中排放的气体日益增多，这些气体中有些是易燃、易爆的气体（如氢气、煤矿瓦斯、天然气、液化石油气等），有些是对人体有害的气体（如一氧化碳、氨气等）。为了保护人类赖以生存的自然环境，防止不幸事故的发生，需要对各种有害、可燃性气体在环境中存在的情况进行有效监控。

气敏传感器可连续测定设备四周空气中可燃性气体的体积百分含量，转换成电信号，传送到报警器发出报警信号。目前，广泛应用的可燃气体传感器有两种形式：一种是半导体气敏传感器，另一种是接触燃烧气敏传感器。

本项目介绍的另外一种传感器是湿度传感器，湿度传感器是由湿敏元件及转化电路组成的，具有把环境湿度转变为电信号的能力。

湿度传感器主要用于湿度测量和湿度控制。湿度测量方面有气象观测，一般的环境管理的湿度测量，如干燥设备、医疗设备、汽车的除湿设备和录像机等的湿度或者露点检测等；湿度控制方面有食品、医疗、农业、造纸业、纺织业、电子业等产业以及饭店、家庭的空调管理，印刷、制药、食品加工等车间干燥度的控制，食品贮存、微生物管理等湿度调节。

任务一　气敏传感器的酒精浓度测量

一、任务描述

气敏传感器是一种能检测气体浓度、成分并把它转换成电信号的器件或装置。根据这些电信号的强弱就可以获得与待测气体在环境中存在情况有关的信息，从而可以进行检测、监控、报警；还可以通过接口电路与计算机组成自动检测、控制和报警系统。

二、任务资讯

半导体气敏传感器是利用待测气体与半导体气敏元件接触时，造成半导体的电导率等物理性质变化，来检测气体的成分或浓度的一种传感器。

按照半导体与气体相互作用时，产生的变化只限于半导体表面或深入到半导体内部，半导体气敏传感器可分为表面控制型和体控制型。表面控制型半导体表面吸附的气体与半导体间发生反应，结果使半导体的电导率等物理性质发生变化，但内部化学组成不变；体控制型半导体与气体的反应，使半导体内部组成发生变化，而使电导率发生变化。

按照半导体变化的物理特性，半导体气敏传感器又可分为电阻型和非电阻型。电阻型半导体气敏元件是利用敏感材料接触气体时，其阻值变化来检测气体的成分或浓度；非电阻型半导体气敏元件是利用其他参数，如二极管安培特性和场效应晶体管的阈值电压变化来检测被测气体的。

1. 气敏传感器的工作原理

半导体气敏传感器是利用气体在半导体表面的氧化和还原反应导致敏感元件阻值变化而制成的。

半导体气敏传感器气敏元件的工作原理十分复杂，涉及材料的结构、化学吸附及化学反应，又分表面电导变化等，而且有不同的解释模式。在半导体器件被加热到稳定状态下，当氧化性气体（如氧或NO_x等）被吸附到N型半导体表面时，将使半导体载流子减少，气敏元件的电阻值将增大；当还原性气体（如氢、一氧化碳、碳氢化合物和酒精等）吸附到N型半导体上时，则将使半导体载流子增多，气敏元件的电阻值将减小。

图5-1为N型半导体吸附气体时产生的阻值变化情况。由于空气的含氧量大体上是恒定的，氧的吸附量也是恒定的，器件阻值也相对固定，若气体浓度发生变化，其阻值也将变化。根据这一特性，可以从阻值的变化得知吸附气体的种类和浓度。

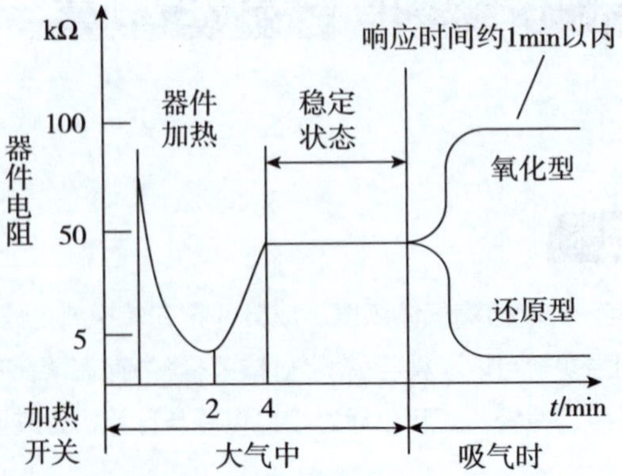

图5-1　N型半导体吸附气体时器件阻值变化图

气敏元件工作室必须加热，其目的是加速被测气体的吸附、脱出过程；烧去气敏元件的油垢或污垢物，起清洗作用；控制不同的加热温度能对不同的被测气体具有选择作用。加热温度与元件输出灵敏度有关，一般为200～400℃。

由上可知，电阻型半导体气敏传感器工作时要本身的温度比环境温度高很多。因此，其气敏元件结构上由电阻丝加热。

2. 半导体气敏传感器的组成

电阻型半导体气敏传感器一般由三部分组成，即敏感元件、加热器和外壳。其按制造工艺来分有烧结型、薄膜型和厚膜型三种。目前应用最广泛的是烧结型，主要成分是SnO_2、ZnO和Fe_2O_3等

图5-2为烧结型气敏传感器，这类元件以SnO_2半导体材料为基本，将铂电极和加热丝埋入SnO_2材料中，用加热、加压温度为700～900℃的制陶工艺烧结成形。

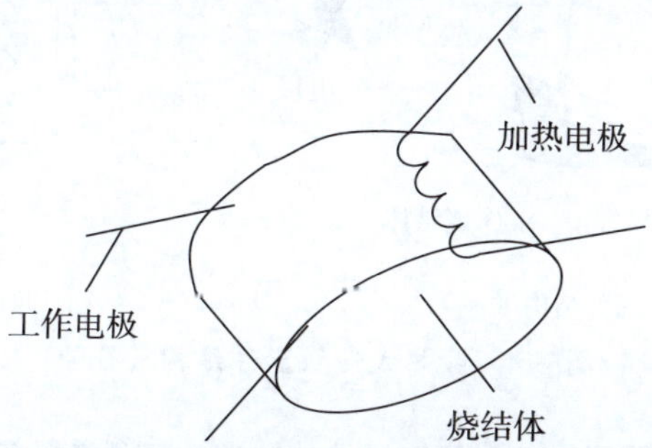

图5-2　烧结型气敏传感器

薄膜型气敏元件采用蒸发、溅射等工艺，在石英基片上形成氧化半导体薄膜。

厚膜型气敏元件是将氧化为半导体材料与硅凝胶混合制成印刷的厚膜胶，再把厚膜胶印刷到装有电极的绝缘基片上，经烧结制成。

这些元器件上全部附有加热器。由于加热方式一般有直热式和旁热式两种，因而形成了直热式气敏元件和旁热式气敏元件。

（1）直热式气敏元件。直热式气敏元件的结构如图5-3所示，器件管芯由SnO_2基体材料、加热丝、测量丝三部分组成。加热丝和测量丝都直接在SnO_2材料内。工作时，加热丝通电加热，测量丝用于测量器件阻值。

这类元件制造工艺简单、成本低、功耗小，可以在高压回路下使用，但热容量小，易受环境气流的影响，测量回路和加热回路没有隔离而相互影响。

（2）旁热式气敏元件。旁热式气敏元件如图5-4所示。其管芯增加了一个陶瓷管，在管内放进高阻加热丝。

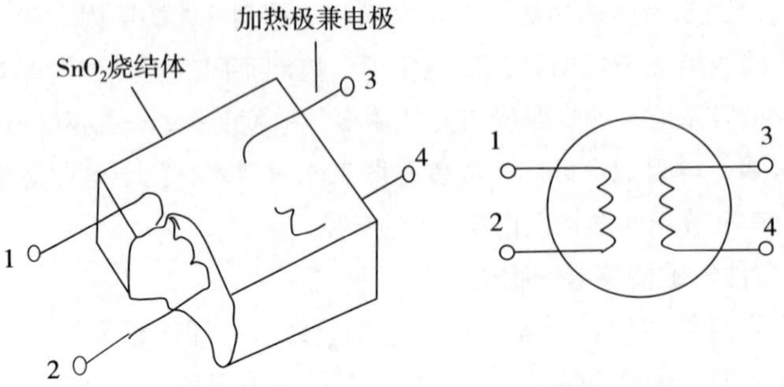

（a）结构　　（b）符号

图5-3　直热式气敏元件的结构和符号

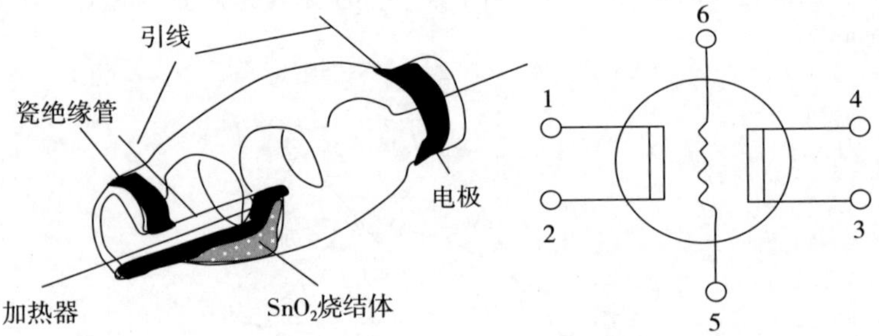

（a）结构　　（b）符号

图5-4　旁热式气敏器件结构及符号

这种元器件克服了直热式气敏元件的缺点，其测量极与加热丝分离，而且加热丝不与气敏材料接触，避免了测量回路与加热回路的相互影响。而且，元器件容量大，降低了环境对器件加热温度的影响，所以其稳定性和可靠性都比直热式器件好。

3. 半导体气敏传感器的测量电路

半导体气敏元件基本测试电路如图5-5所示。它包括加热回路和测试回路。在图5-5（a）中，0～10V直流稳压电源供给元器件加热电压U_H，0～20V直流稳压电源与气敏元件及负载电阻组成测试回路，供给测试回路电压U_C，负载电阻R_L兼做取样电阻。从测量回路上得

$$R_S = \frac{U_C}{U_L} R_L - R_L$$

由此可见，测量R_L上的电压即可测得气敏元件电阻R_S。

图5-5（b）和（c）的测试原理与图5-5（a）相同，用直流法还是用交流法测试，不影响测试结果，可根据实际情况选用。

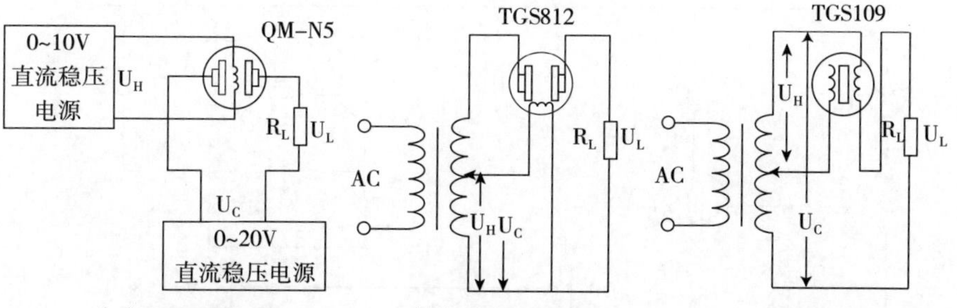

（a）QM-N5型　（b）TGS812型　（c）TGS109型

图5-5　气敏元件测试电路

4. 气敏传感器的应用

（1）煤气报警器。图5-6所示的电路中一部分是煤气报警器，在煤气达到危险界限前发出警报，另一部分是开放式负离子发生器，起作用是自动产生空气负离子使煤气中主要有害成分的一氧化碳和空气负离子中的臭氧（O_3）反应，生成对人体无害的二氧化碳。

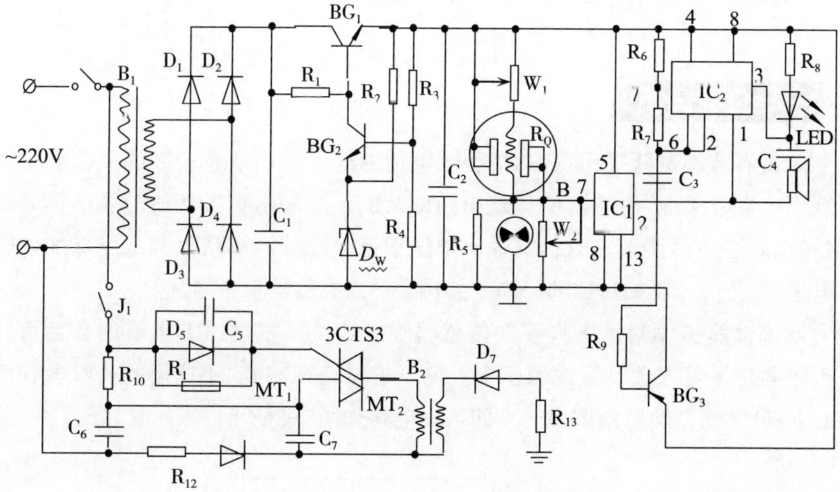

图5-6　煤气安全报警器原理图

（2）矿灯瓦斯报警器。图5-7是一种矿灯瓦斯报警器电路，其瓦斯探头由QM-N5型气敏传感器、限流电阻R_1及矿灯蓄电池等组成。因为气敏元件在预热期间会输出信号造成误报警，所以气敏传感器在使用前必须预热十几分钟以避免误报警。一般矿灯瓦斯报警器直接安放在矿工的工作帽内，以矿灯蓄电池为电源。当瓦斯超限时，矿灯自动闪光并发出报警声。

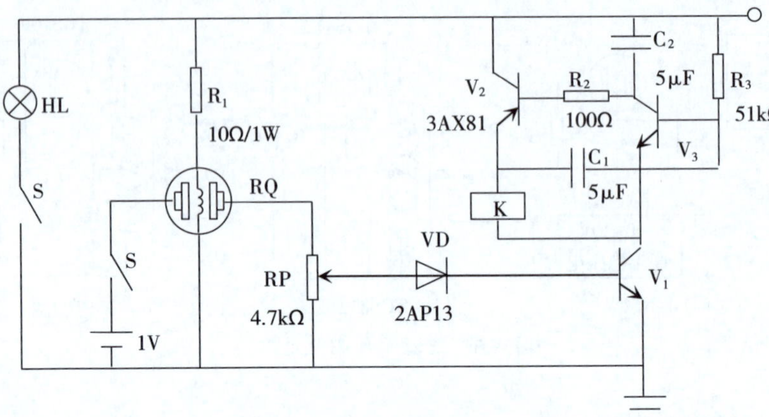

图5-7　矿灯瓦斯报警器电路

图5-7中RP为报警设定电位器，当瓦斯浓度超过某设定值时，输出信号通过二极管VD加到晶体管V_1的基极上，V_1导通，V_2、V_3组成的互补式自激多谐振荡器便开始工作，使继电器K不断地吸合和释放。由于K与矿灯都是安装在工作帽上，K吸合时，动铁心撞击铁心发出的“嗒、嗒”声通过工作帽传给矿工。

三、任务分析

简易酒精测试器采用TGS812型酒精传感器，对酒精有较高的灵敏度（对一氧化碳也敏感）。传感器的负载电阻R_1及R_2，其输出直接接LED显示驱动器LM3914。当无酒精蒸气时，其输出电压很低，随着酒精蒸气的浓度增加，输出电压也上升，则LM3914的LED（共10个）点亮的数目也增加。

此测试器工作时，人只要向传感器呼一口气，根据LED电量的数目可知是否喝酒，并可大致了解饮酒多少。测试方法是在24h内不饮酒的人呼气，使LED中仅1发光，然后稍调小一点即可。电路如图5-8所示。

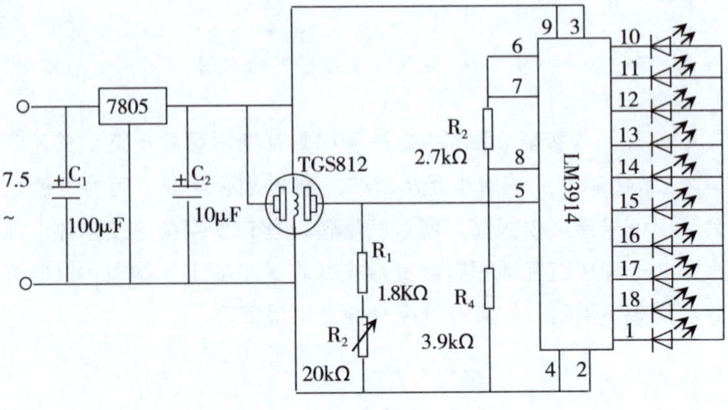

图5-8　简易酒精测试路

[小任务]

1. 带领学生去传感器实训室认识各种气敏传感器和应用。
2. 要求学生学会区分不同气敏传感器。

酒精气体传感器的应用

四、任务实施

1. 实验目的

了解气敏传感器的原理与应用。

2. 所需器件及模块

传感器实验模块、±12V电源（自备：酒精、棉花球）

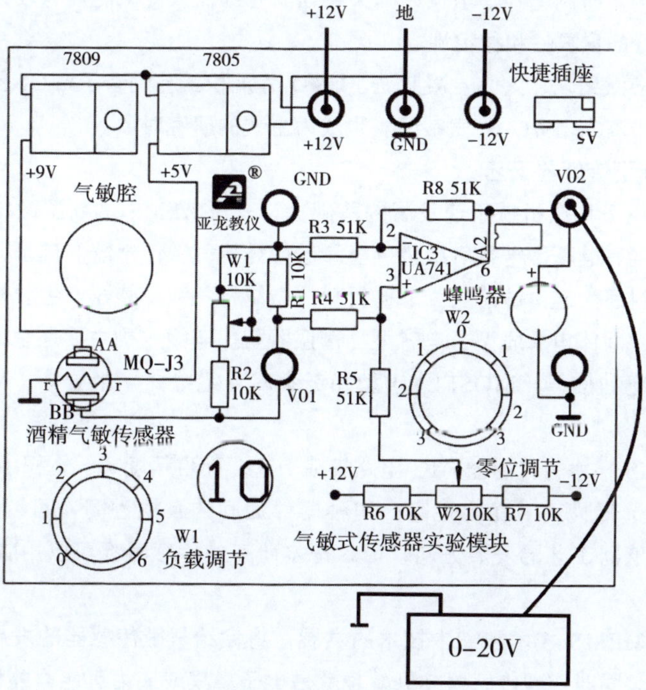

图5-9　酒精浓度测试连接电路

3. 实验步骤

（1）接上±12V电源，具体如图5-9所示。

（2）预热5min。观察数显表上的数值（一般为0.10V以下）。

（3）将浸有酒精的棉花球放进气敏腔，此时数显表的读数明显发生变化，在1～10V。

五、知识拓展

1. 其他气体的新型传感器

还有一些气体非常重要，比如H_2S、O_2、O_3等。

采用钨酸钠盐酸热解法制备WO_3微粉中加入一定量的SnO_2及ThO_2等掺杂剂后，对H_2S有很好的气敏性能；用ZnS在600℃烧结制得烧结型ZnO元件，对H_2S气体不仅具有良好的敏感性，而且具有很高的选择性。

超声辐射结合溶胶–凝胶法合成的纳米氧化铟材料，用此材料制成的气敏元件，对酒精的气敏特性可以达到商品化的要求，可用于开发新型酒敏元件。

对于氧气的检测方法有很多，固体电解质法，敏感材料CaO-ZrO_2、YF6、LaF3，TiO_2 烧结体或厚膜可以在高温下检测O_2。有用钌（II）邻菲咯啉配合物作为指示剂，研制一种基于荧光猝灭原理的光纤氧气传感器，有较强的抗干扰能力、较好的重复性和稳定性。

用反应溅射法、溶胶–凝胶法、CVD 等沉积工艺制备了In_2O_3 基的气敏薄膜，能够检测O_3，WO_3 基气敏薄膜也成为主要的研究对象。

2. 新型传感器工艺

在微电子和微机械迅速发展的基础上，基于MEMS 的新型微结构气敏传感器，主要有硅基微结构气敏传感器和硅微结构气敏传感器。硅基微结构气敏传感器是衬底为硅、敏感层为非硅材料的微结构气敏传感器。主要有金属氧化物半导体、固体电解质型、电容型、谐振器型。硅微结构主要是金属氧化物–半导体–场效应管（MOSFET）型和钯金属–绝缘体–半导体（MIS）二极管型。

MEMS 技术将传感器与IC 电路集成一起，而且精度高、体积小、质量轻。功耗低、选择性高、稳定性高，同种器件之间的互换性高，可以批量生产，所以是传感器工艺的发展方向，而且基本所有的传感器都可以用MEMS 技术生产。

随着MEMS 技术和纳米技术的发展，将会给气敏传感器的发展提供更广阔的前景。同时实现传感器阵列，也就是电子鼻集成成为可能，并将有很大的发展空间，给传感器带来新的发展篇章。

六、思考与练习

1. 简要说明气敏传感器的工作原理，并举例说明其用途。
2. 湿度传感器有哪些类型？每种类型有什么特点？
3. 湿度的定义是什么？相对湿度的定义又是什么？
4. 为什么多数气敏传感器带有加热器？
5. 如何提高半导体气敏传感器对气体的选择性和气体检测灵敏度？

任务二　湿敏传感器的湿度测量

一、任务描述

人类的生存和社会活动与湿度密切相关。随着现代化的实现，很难找出一个与湿度无关的领域来。由于应用领域不同，对湿度传感器的技术要求也不同。从制造角度看，同是湿度传感器，材料、结构不同，工艺不同，其性能和技术指标有很大差异，因而价格也相差甚远。

湿度传感器是能感受气体中的水蒸气含量，并转换成可用输出信号的传感器。这种传感器具有结构简单、非接触、高可靠性、高精度和反应快等优点，故在自动检测技术中得到了广泛应用。本任务主要是对湿度传感器的基本知识进行简单的介绍，对湿度传感器的应用进行重点讲述。

二、任务资讯

1. 湿度传感器的分类

湿度传感器依据使用材料分类：

电解质型：以氯化锂为例，它在绝缘基板上制作一对电极，涂上氯化锂盐胶膜。氯化锂极易潮解，并产生离子导电，随湿度升高而电阻减小。

陶瓷型：一般以金属氧化物为原料，通过陶瓷工艺，制成一种多孔陶瓷。利用多孔陶瓷的阻值对空气中水蒸气的敏感特性而制成。

高分子型：先在玻璃等绝缘基板上蒸发梳状电极，通过浸渍或涂覆，使其在基板上附着一层有机高分子感湿膜。有机高分子的材料种类很多，工作原理也各不相同。

单晶半导体型：所用材料主要是硅单晶，利用半导体工艺制成。制成二极管湿敏器件和MOSFET湿度敏感器件等，其特点是易于和半导体电路集成在一起。

2. 湿度的表示方法和湿度传感器主要特性

（1）湿度表示法。空气中含有水蒸气的量称为湿度，含有水蒸气的空气是一种混合气体，主要有相对湿度和绝对湿度、露点（霜点）等表示法。

（2）相对湿度和绝对湿度。水蒸气压是指在一定的温度条件下，混合气体中存在的水蒸气分压(p)。而饱和蒸气压是指在同一温度下，混合气体中所含水蒸气压的最大值(p_s)。温度越高，饱和水蒸气压越大。在某一温度下，其水蒸气压同饱和蒸气压的百分比，称为相对湿度。

$$R_{\mathrm{H}}=\frac{p}{p_s}\times 100\%$$

绝对湿度表示单位体积内，空气里所含水蒸气的质量，其定义为$P_v=\frac{m}{V}$

式中 m——待测空气中水蒸气质量；

V——待测空气的总体积；

P_v——待测空气的绝对湿度。

如果把待测空气看作是由水蒸气和干燥空气组成的二元理想混合气体，根据道尔顿分压定律和理想气体状态方程，可得出：

$$P=\frac{pM}{RT}$$

式中 P——空气中水蒸气分压；

M——水蒸气的摩尔质量；

R——理想气体常数；

T——空气的绝对温度。

（3）露（霜）点。水的饱和蒸气压随温度的降低而逐渐下降。在同样的空气水蒸气压下，温度越低，空气的水蒸气压与同温度下水的饱和蒸气压差值越小。当空气温度下降到某一温度时，空气中的水蒸气压与同温度下水的饱和水蒸气压相等。此时，空气中的水蒸气将向液相转化而凝结成露珠，相对湿度为100%RH。该温度，称为空气的露点温度，简称露点。如果这一温度低于0℃时，水蒸气将结霜，又称为霜点温度。两者统称为露点。空气中水蒸气压越小，露点越低，因而可用露点表示空气中的湿度。

（4）湿度传感器的主要特性

1）湿度量程。指湿度传感器技术规范中所规定的感湿范围。全湿度范围用相对湿度（0～100）%RH表示，它是湿度传感器工作性能的一项重要指标。

2）感湿特征量——相对湿度特性。每种湿度传感器都有其感湿特征量，如电阻、电容等，通常用电阻比较多。以电阻为例，在规定的工作湿度范围内，湿度传感器的电阻值随环境湿度变化的关系特性曲线，简称阻湿特性。有的湿度传感器的电阻值随湿度的增加而增大，这种为正特性湿敏电阻器，如Fe_3O_4湿敏电阻器。有的阻值随着湿度的增加而减小，这种为负特性湿敏电阻器，如TiO_2-SnO_2陶瓷湿敏电阻器。对于这种湿敏电阻器，低湿时阻值不能太高，否则不利于和测量系统或控制仪表相连接。

3）感湿灵敏度。简称灵敏度，又叫湿度系数。其定义是在某一相对湿度范围内，相对湿度改变1%RH时，湿度传感器电参量的变化值或百分率。

各种不同的湿度传感器，对灵敏度的要求各不相同，对于低湿型或高湿型的湿度传感器，它们的量程较窄，要求灵敏度要很高。但对于全湿型湿度传感器，并非灵敏度越大越好，因为电阻值的动态范围很宽，给配置二次仪表带来不利，所以灵敏度的大小要适当。

4）特征量温度系数。反映湿度传感器在感湿特征量——相对湿度特性曲线随环境温度而变化的特性。感湿特征量随环境温度的变化越小，环境温度变化所引起的相对湿度的误差就越小。

在环境温度保持恒定时，湿度传感器特征量的相对变化量与对应的温度变化量之比，称为特征量温度系数。

电阻温度系数 $(\%/℃)=\dfrac{R_1-R_2}{R_1\Delta T}\times 100$

电容温度系数 $(\%/℃)=\dfrac{C_1-C_2}{C_1\Delta T}\times 100$

式中 ΔT——温度25℃与另一规定环境温度之差；

R_1（C_1）——温度25℃时湿度传感器的电阻值（或电容值）；

R_2（C_2）——另一规定环境温度时湿度传感器的电阻值（或电容值）。

5）感湿温度系数。反映湿度传感器温度特性的一个比较直观、实用的物理量。它表示在两个规定的温度下，湿度传感器的电阻值（或电容值）达到相等时，其对应的相对湿度之差与两个规定的温度变化量之比，称为感湿温度系数。或环境温度每变化1℃时，所引起的湿度传感器的湿度误差。如图5-10所示，感湿温度系数

$$(\%RH/℃)=\frac{H_1-H_2}{\Delta T}$$

式中 ΔT——温度25℃与另一规定环境温度之差；

H_1——温度25℃时湿度传感器某一电阻值（或电容值）对应的相对湿度值；

H_2——另一规定环境温度下湿度传感器另一电阻值（或电容值）对应的相对湿度。

6）响应时间。在一定温度下，当相对湿度发生跃变时，湿度传感器的电参量达到稳态变化量的规定比例所需要的时间。一般是以相应的起始和终止这一相对湿度变化区间的63%作为相对湿度变化所需要的时间，也称时间常数，它是反映湿度传感器相对湿度发生变化时，其反应速度的快慢。单位是s。也有规定从起始到终止90%的相对湿度变化作为响应时间的。响应时间又分为吸湿响应时间和脱湿响应时间。大多数湿度传感器都是脱湿响应时间大于吸湿响应时间，一般以脱湿响应时间作为湿度传感器的响应时间。

7）电压特性。当用湿度传感器测量湿度时，所加的测试电压，不能用直流电压。这是由于加直流电压引起感湿体内水分子的电解，致使电导率随时间的增加而下降，故测试电压采用交流电压。

图5-11表示湿度传感器的电阻与外加交流电压之间的关系。可见，测试电压小于5V时，电压对阻-湿特性没有影响。但交流电压大于15V时，由于产生焦耳热，对湿度传感器的阻-湿特性产生了较大影响，因而一般湿度传感的使用电压都小于10V。

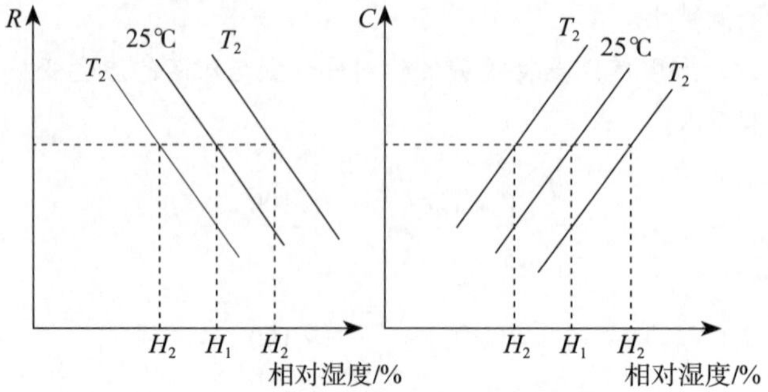

（a）电阻型　　（b）电容型

图5-10　感湿温度系数示意图

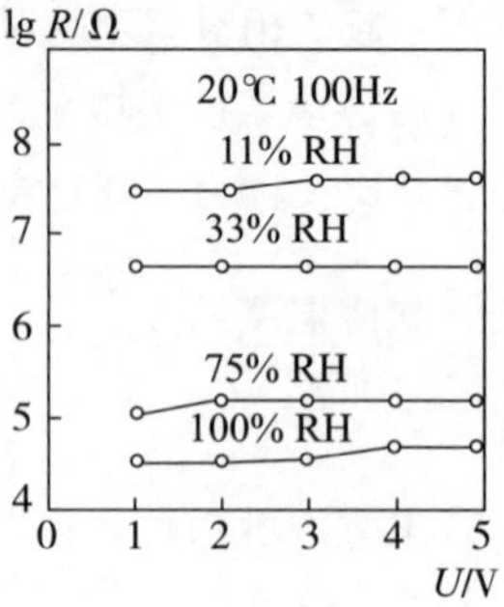

图5-11　湿度传感器电阻与外加交流电压示意图

8）频率特性。湿度传感器的阻值与外加测试电压频率的关系，如图5-12所示。在高湿时，频率对阻值的影响很小，当低湿高频时，随着频率的增加，阻值下降。对这种湿度传感器，在各种湿度下，当测试频率小于10^3Hz时，阻值不随使用频率而变化，故该湿度传感器使用频率的上限为10^3Hz。湿度传感器的使用频率上限由实验确定。直流电压会引起水分子的电解，因此，测试电压频率也不能太低。

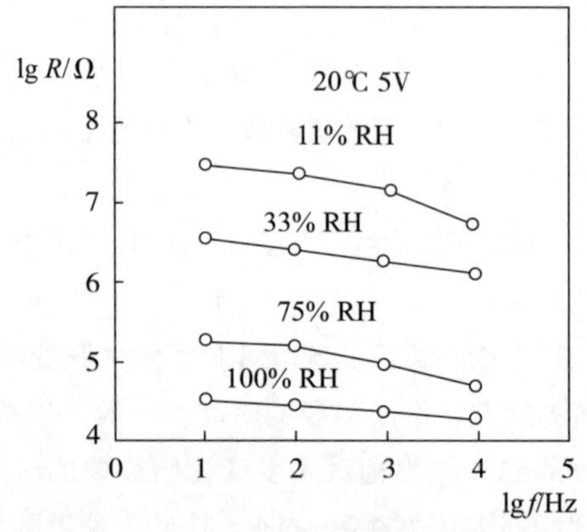

图5-12　湿度传感器的阻值与外加测试电压频率示意图

3. 陶瓷湿度传感器

利用半导体陶瓷材料制成的陶瓷湿度传感器，具有许多优点：测湿范围宽，可实现全湿范围内的湿度测量；工作温度高，常温湿度传感器的工作温度在150℃以下，而高温湿度传感器的工作温度可达800℃，响应时间较短，精度高，抗污染能力强，工艺简单，成本低廉。

典型产品是烧结型陶瓷湿敏元件$MgCr_2O_4-TiO_2$系。此外，还有$TiO_2-V_2O_5$系、$ZnO-Li_2O-V_2O_5$系、$ZnCr_2O_4$系、ZrO_2-MgO系、Fe_3O_4系、Ta_2O_5系等。这类湿度传感器的感湿特征量大多数为电阻。除Fe_3O_4外，都为负特性湿度传感器，即随着环境相对湿度的增加，阻值下降。也有少数陶瓷湿度传感器，它的感湿特性量为电容。

（1）结构。

该湿度传感器的感湿体是$MgCr_2O_4-TiO_2$系多孔陶瓷，结构如图5-13所示，这种多孔陶瓷的气孔大部分为粒间气孔，气孔直径随TiO_2添加量的增加而增大。粒间气孔与颗粒大小无关，相当于一种开口毛细管，容易吸附水分。材料的主晶相是$MgCr_2O_4$相，此外，还有TiO_2相等，感湿体是一个多晶多相的混合物。

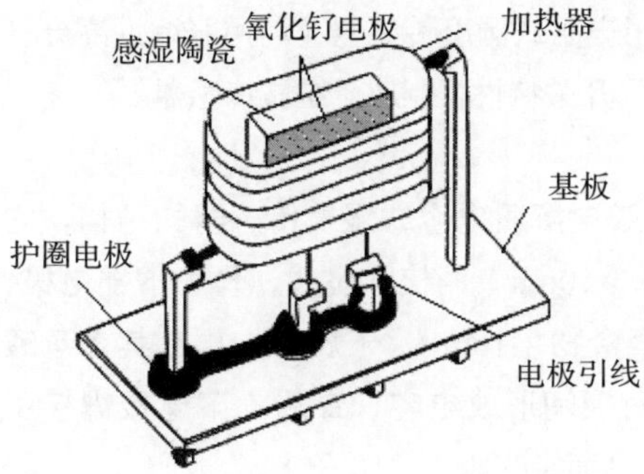

图5-13　$MgCr_2O_4-TiO_2$系陶瓷湿度传感器结构

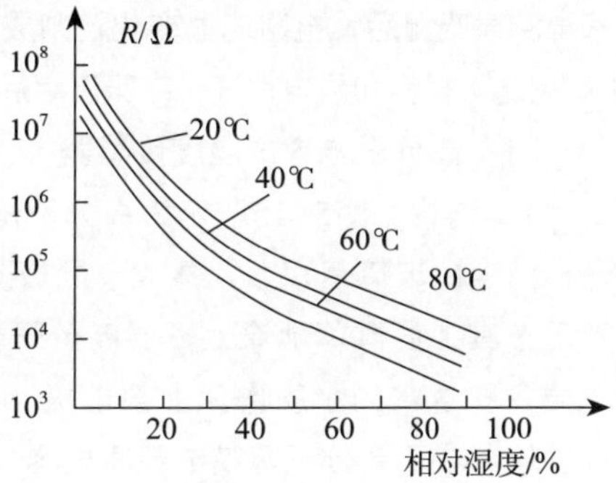

图5-14　$MgCr_2O_4-TiO_2$系陶瓷湿度传感器的相对湿度、温度与电阻的关系

（2）主要特性与性能

1）电阻—湿度特性。$MgCr_2O_4-TiO_2$系陶瓷湿度传感器的电阻—湿度特性，如图5-14所示，随着相对湿度的增加，电阻值急骤下降，基本按指数规律下降。在单对数的坐标中，电阻—湿度特性近似呈线性关系。当相对湿度由0变为100%RH时，阻值从$10^7\Omega$下降到$10^4\Omega$，即变化了三个数量级。

2）电阻—温度特性。湿度传感器的电阻与温度特性是在不同的温度环境下，测量陶瓷湿度传感器的电阻—湿度特性。从图5-14可见，从20℃到80℃各条曲线的变化规律基本一致，具有负温度系数，其感湿负温度系数为-0.38%RH/℃。如果要求精确的湿度测量，需要对湿度传感器进行温度补偿。

3）稳定性。制成的$MgCr_2O_4-TiO_2$系陶瓷类湿度传感器，需要进行以下实验：高温负荷实验（大气中，温度150℃，交流电压5V，时间10^4h）；高温高湿负荷试验（湿度大于95%RH，温度60℃，交流电压5V，时间10^4h）；常温常湿试验［湿度（10~90）%RH，温度（-10℃~+40℃）］；油气循环试验（油蒸气↔加热清洗循环25万次，交流电压5V）。经过以上各种试验，大多数陶瓷湿度传感器仍能可靠地工作，说明稳定性比较好。

（3）陶瓷湿度传感器的使用。由于湿敏电阻RH随温度变化，具有负温度系数，为了消除温度影响，应用时电阻式湿敏组件需要温度补偿，一般与同样温度系数的热敏电阻R_T串联，取出分压。尽管直流供电有利于提高精度，便于数字化，但存在静电容影响，使传感器特性不佳，应考虑采用交流或脉冲电源供电，需要加热清洗等。

为了使检测湿度的灵敏度最大，应使$R_{R_t}=R_{R_H}$，此时信号电压经跟随器、整流、滤波再与比较器1的参考电压U_1比较以便控制某一湿度。与比较器2的参考电压U_2比较控制加热电路，以便按一定时间加热清洗。

4. 高分子湿度传感器

用有机高分子材料制成的湿度传感器，主要是利用其吸湿性与胀缩性。某些高分子电解质吸湿后，介电常数明显改变，制成了电容式湿度传感器；某些高分子电解质吸湿后，电阻明显变化，制成了电阻式湿度传感器；利用胀缩性高分子（如树脂）材料和导电粒子，在吸湿之后的开关特性，制成了结露传感器。

（1）高分子电容式湿度传感器

1）结构。图5-15所示为高分子薄膜电解质电容式湿度传感器的结构，它是在洁净的玻璃基片上，蒸镀一层极薄（50nm）的梳状金质，作为下部电极，然后在其上面薄薄地涂上一层高分子聚合物（1nm），干燥后，再在其上蒸镀一层多孔透水的金质作为上部电极，两极间形成电容，最后上下电极焊接引线，就制成了高分子薄膜电解质电容式湿度传感器。

2）感湿机理与性能。电容式高分子湿度传感器，其上部多孔质的金电极可使水分子透过，水的介电系数比较大，室温时约为79℃。感湿高分子材料的介电常数并不大，当水分子被高分子薄膜吸附时，介电常数发生变化。随着环境湿度的提高，高分子薄膜吸附的水分子增多，因而湿度传感器的电容量增加，所以根据电容量的变化可测得相对湿度。高分子薄膜电解质电容式湿度传感器的结构如图5-15所示。

3）电容—湿度特性。其电容随着环境温度的增加而增加，基本上呈线性关系。当测试频率为1.5MHz左右时，其输出特性有良好的线性度。对其他测试频率，如1kHz、10kHz，尽管传感器的电容量变化很大，但线性度欠佳。可外接转换电路，使电容—湿度特性趋于理想直线，如图5-16所示。

4）响应特性。由于高分子薄膜可以做得极薄，所以吸湿响应时间都很短，

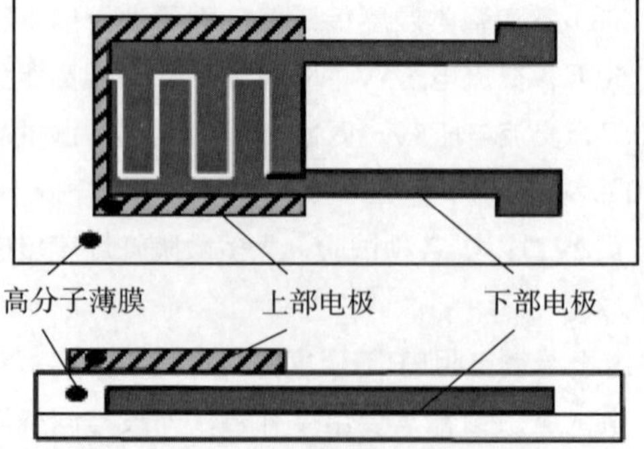

图5-15　高分子薄膜电解质电容式湿度传感器的结构

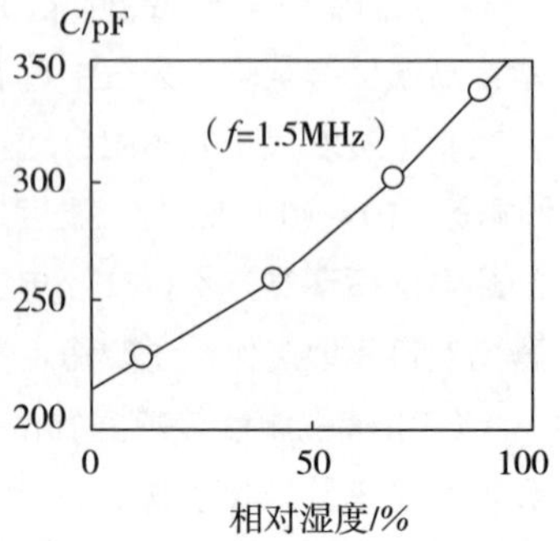

图5-16　电容—湿度曲线

一般都小于5s，有的响应时间仅为1s。

5）电容—温度特性。电容式高分子膜湿度传感器的感湿特性受温度影响非常小，在5～50℃范围内，电容温度系数约为0.06%RH/℃。

（2）高分子电阻式湿度传感器

1）结构。图5-17是聚苯乙烯磺酸锂湿度传感器的结构图。

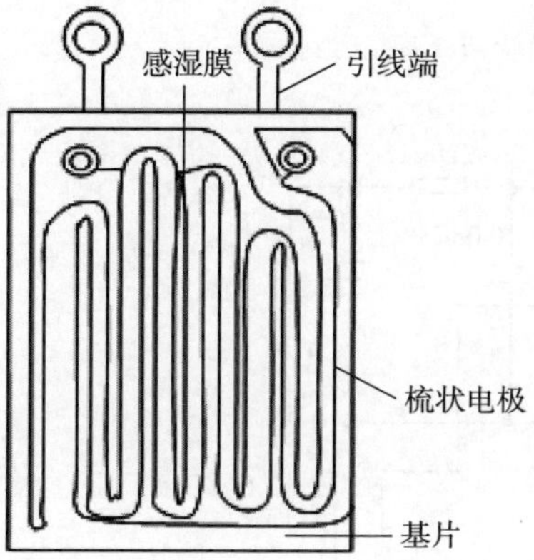

图5-17　聚苯乙烯磺酸锂湿度传感器的结构

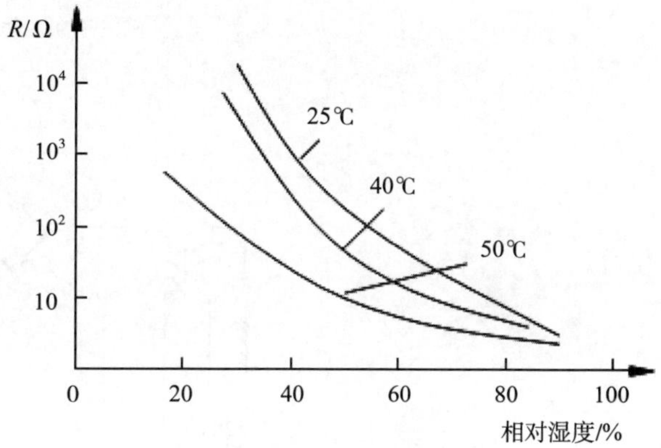

图5-18　聚苯乙烯磺酸锂湿度传感器的湿度特性

2）主要特性

① 电阻—湿度特性。当环境湿度变化时，传感器在吸湿和脱湿两种情况的感湿特性曲线，如图5-18所示。在整个湿度范围内，传感器均有感湿特性，其阻值与相对湿度的关系在单对数坐标纸上近似为一条直线。吸湿和脱湿时湿度指示的最大误差值为（3～4）%RH。

② 温度特性。聚苯乙烯磺酸锂的电导率随温度的变化较为明显，具有负温度系数。在0～55℃时，温度系数为（−0.6%～−1.0%）RH/℃。

③ 其他特性。聚苯乙烯磺酸锂湿度传感器的升湿响应时间比较快，降湿响应时间比较慢，响应时间在1min之内。湿滞比较小，在（1%～2%）RH。这种湿度传感器具有良好的稳定性。存储一年后，其最大变化不超过2%RH，完全可以满足器件稳定性的要求。

高分子薄膜湿度传感器的缺点是：在含有机溶媒气体的环境下测湿时，器件易损坏；另外不能用于80℃以上的高温。

5. 湿度传感器的基本测量电路

（1）电桥电路。振荡器对电路提供交流电源。电桥的一臂为湿度传感器，由于湿度变化使湿度传感器的阻值发生变化，于是电桥失去平衡，产生信号输出，放大器可把不平衡信号加以放大，整流器将交流信号变成直流信号，由直流毫安表显示。振荡器和放大器都由9V直流电源供给。电桥法适合于氯化锂湿度传感器（图5-19）。

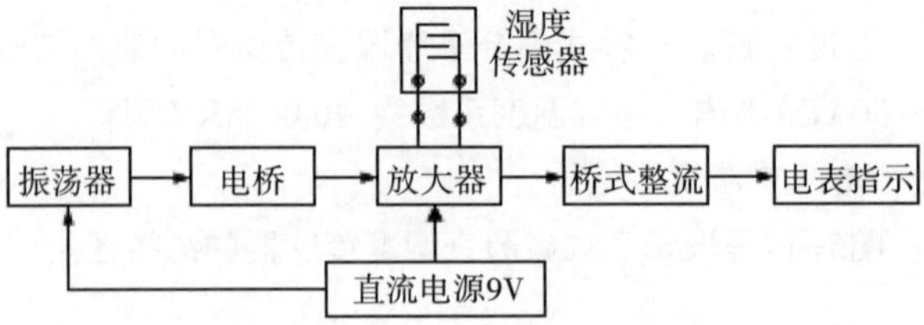

图5-19　电桥湿度测量示意图

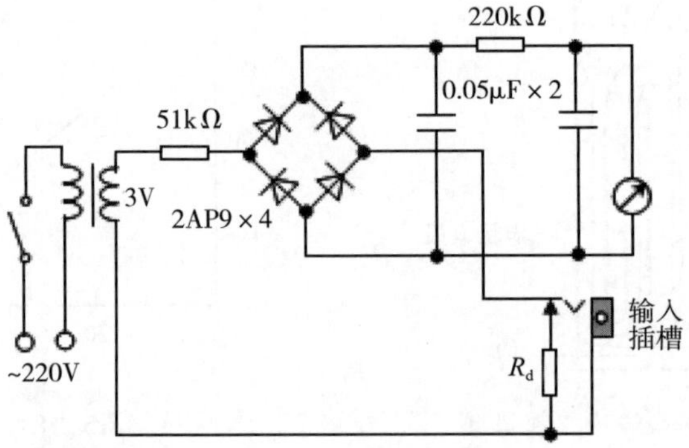

图5-20　欧姆定律电路

（2）欧姆定律电路。此电路适用于可以流经较大电流的陶瓷湿度传感器。由于测湿电路可以获得较强信号，故可以省去电桥和放大器，可以用市电作为电源，只要用降压变压器即可，其电路图如图5-20所示。

（3）带温度补偿的湿度测量电路。在实际应用中，需要同时考虑对湿度传感器进行线性处理和温度补偿，常常采用运算放大器构成湿度测量电路。如图5-21所示为湿度测量电路，R_t是热敏电阻器（20kΩ，B=4100K）；R_H为H204C湿度传感器，运算放大器型号为LM2904。该电路的湿度电压特性及温度特性表明：在（30%～90%）R_H、15～35℃范围内，输出电压表示的湿度误差不超

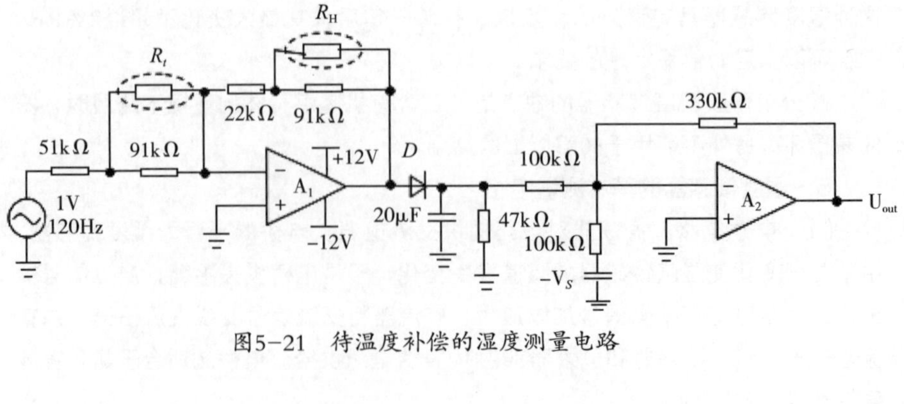

图5-21　待温度补偿的湿度测量电路

过3%R_H。

三、任务分析

湿敏元件主要有电容式和电阻式两种。电容式湿敏元件采用高分子薄膜为感湿材料，用微电子技术制作，其电容值随湿度呈线性变化，当将湿敏元件接入测量电路时，输出电压值随湿度线性变化。电阻式湿敏元件，其电阻值的对数与相对湿度值接近线性关系，同样可用于检测相对湿度R_H。

湿度传感器

四、任务实施

1. 实验目的

了解湿度传感器工作原理及应用，仅作定性实验，不作定量实验。

2. 所需器件及模块

11号湿敏传感器实验模块、直流源±12V、0～2V 数显单元、湿棉花球。

3. 实验步骤

（1）将11号实验模块接上±12V电源，0～2V数显表按图5-22接线。

（2）先预热3～5min，将开关置于较准位置使数显为1.000V，再把开关置于测量位置，然后往有机玻璃湿敏腔中加湿棉花球，等到显示单元稳定后记下数值即为相对湿度。

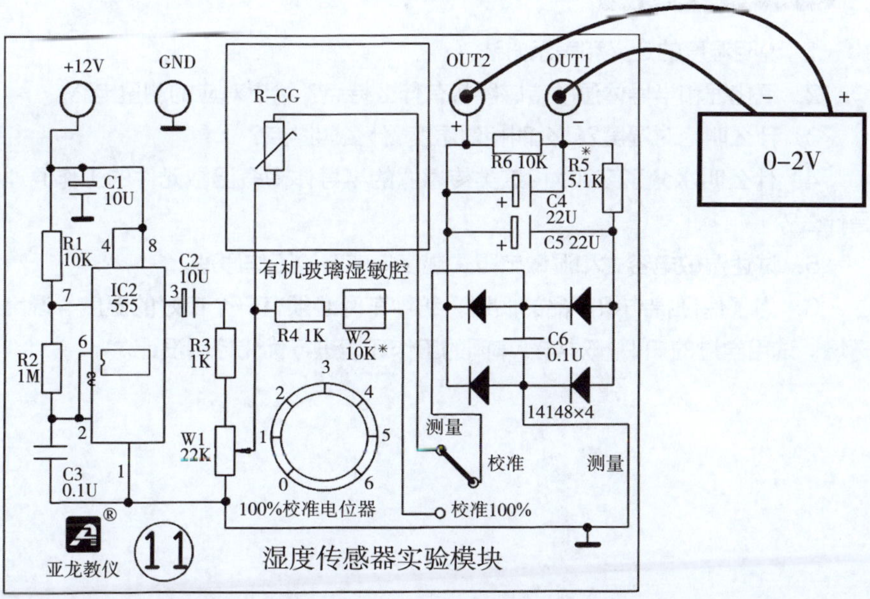

图5-22　湿度测试电路

五、知识拓展

湿度传感器应用注意事项

（1）电源选择。湿敏电阻必须工作于交流回路中。若用直流供电，会引起多孔陶瓷表面结构改变，湿敏特性变劣。采用交流电源频率过高，将由于元件的附加容抗而影响测湿灵敏度和准确性，因此应以不产生正、负离子积聚为原则，使电源频率尽可能低。对离子导电型湿敏元件，电源频率应大于50Hz，一般以1000Hz为宜。对电子导电型，电源频率应低于50Hz。

（2）线性化。一般湿敏元件的特性均为非线性，为便于测量，应将其线性化。

（3）温度补偿。通常氧化物半导体陶瓷湿敏电阻湿度温度系数为0.1～0.3，故在测湿精度要求高的情况下必须进行温度补偿。

（4）测湿范围。电阻式湿敏元件在温度超过95%RH时，湿敏膜因湿润溶解，厚度会发生变化，若反复结露与潮解，特性变坏而不能复原。电容式传感器在80%RH以上高湿及100%RH以上结露或潮解状态下，也难以检测。另外，切勿将湿敏电容直接浸入水中或长期用于结露状态，也不要用手摸或嘴吹其表面。

六、思考与练习

1. 说明湿度的定义和表示方法。

2. 氧化锂和半导体湿敏传感器各有什么特点？给出对应的测量电路。

3. 什么叫绝对湿度?什么叫相对湿度?什么叫露点?

4. 什么叫水分子亲和力?这类传感器的半导体陶瓷湿敏元件的工作原理是什么?

5. 试述湿敏电容式和湿敏电阻式湿度传感器的工作原理。

6. 为了保证棉纺织产品的质量，纺纱车间必须有一个良好的温度、湿度环境。试用学过的知识，对纺纱车间的工作环境进行优化控制设计。

项目六 位移的测量

位移是指物体的某个表面或某点相对于参考表面或参考点位置的变化。位移有线位移和角位移两种。线位移是指物体沿某一条直线移动的距离；角位移是指物体绕着某一定点旋转的角度。根据测量的位移不同，位移传感器可以分为直线型和回转型两大类。直线型用于测量线位移，回转型用于测量角位移。用于检测位移的传感器有很多，如果位移较小，通常用应变式、电感式、差动变压器式来检测，位移较大则常用感应同步器、光栅、容栅等来测量。

任务一 电容式传感器位移的测量

一、任务描述

20世纪70年代末以来，随着集成电路技术的发展，出现了与微型测量仪表封装在一起的电容式传感器。这种新型的传感器能使分布电容的影响大为减小，使其固有的缺点得到克服。电容式传感器是一种用途极广，很有发展潜力的传感器。

二、任务资讯

1. 电容式传感器的结构

电容式传感器是一种将被测非电量变化转换为电容量变化的传感器。

（1）结构框图。电容式传感器的结构框图见图6-1。

（2）工作过程。被测非电量经过电容转换元件转换为电容变化量，然后输入到测量电路中得到电压（电流或频率）变化量，经标度变换显示出非电量值，如图6-2所示。

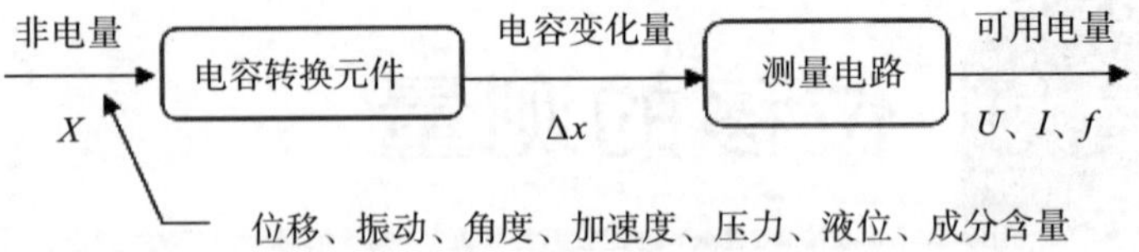

图6-1 电容式传感器的结构框图

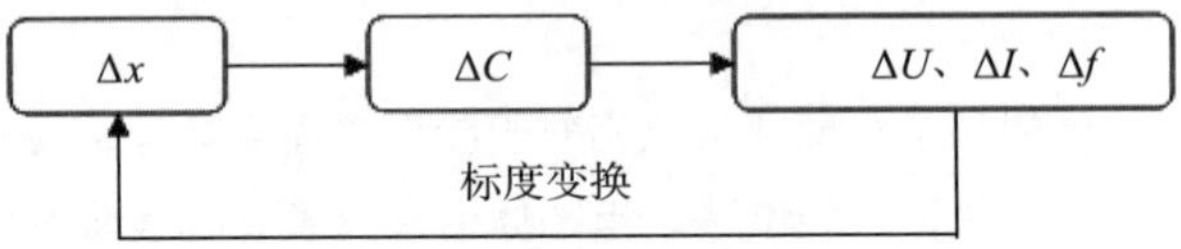

图6-2 电容式传感器的工作过程

2. 电容式传感器的特点

电容式传感器具有灵敏度高、精度高等优点。传感器的许多特点都与传感器的正确设计、合理选材并精细加工的工艺有关。

（1）电容式传感器的优点。电容式传感器与电阻式、电感式等传感器相比有如下一些优点：

① 高阻抗、小功率，因而所需的输入力很小，输入能量也很低。电容式传感器因带电极板间静电引力极小，所以特别适宜用来解决输入能量低的测量问题，例如测量极低的压力、力和很小的加速度、位移等，可以做得很灵敏，分辨力非常高，能感受0.001μm甚至更小的位移。

② 温度稳定性好。传感器的电容值一般与电极材料无关，有利于选择温度系数低的材料，又因本身发热极小，对稳定性影响甚微。

③ 结构简单，适应性强，待测体是导体或半导体均可，可在恶劣环境中工作。电容式传感器结构简单，易于制造，可做得非常小巧，以实现某些特殊的测量；能工作在高低温、强辐射及强磁场等恶劣的环境中，也能对带有磁性的工件进行测量。

④ 动态响应好。由于极板间的静电引力很小，可动部分做得很小很薄，因此其固有频率很高，动态响应时间短，能在几兆赫的频率下工作，特别适合动态测量，如测量振动、瞬时压力等。

⑤ 可以实现非接触测量，具有平均效应。例如非接触测量回转轴的振动或偏心、小型滚珠轴承的径向间隙等。当采用非接触测量时，电容式传感器具有平均效应，可以减小工作表面粗糙等对测量的影响。

（2）电容式传感器的缺点

① 输出阻抗高，负载能力差。

② 寄生电容影响大。电容式传感器的初始电容量很小，而传感器的引线电缆电容（1~2m导线可达800 pF）、测量电路的杂散电容以及传感器极板与其周围导体构成的电容等“寄生电容”却较大，这一方面降低了传感器的灵敏

度；另一方面这些电容（如电缆电容）常常是随机变化的，将使传感器工作不稳定，影响测量精度，其变化量甚至超过被测量引起的电容变化量，致使传感器无法工作。因此对电缆的选择、安装、接法都要有要求。

3. 电容式传感器的等效电路

电容式传感器的等效电路如图6-3所示。图中，L为包括引线电缆的电感和电容式传感器本身的电感；r包括引线电阻、极板电阻和金属支架电阻；R_g是极间等效漏电阻，包含极板间的漏电损耗和介质损耗、极板与外界间的漏电损耗和介质损耗；C_0为传感器本身的电容；C_p为引线电缆、所接测量电路及极板与外界所形成的总寄生电容。

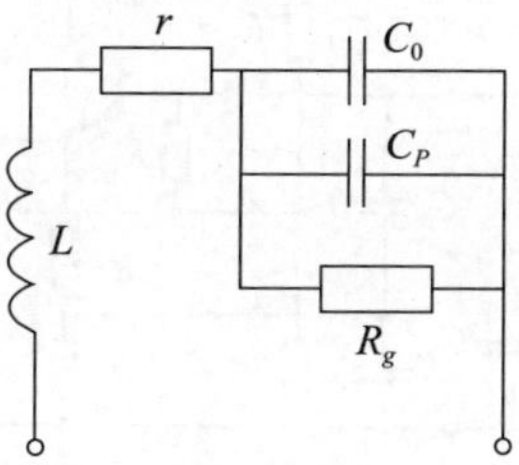

图6-3 电容式传感器的等效电路

电容式传感器电容量一般很小，容抗很大，而工作频率一般较高，故略去图中电阻的影响，电容式传感器的等效阻抗为

$$Z_C=\frac{1}{\mathrm{j}\omega C_e}=\mathrm{j}\omega L+\frac{1}{\mathrm{j}\omega C}$$

式中，$C=C_p+C_0$

则等效电容为

$$C_e=\frac{C}{1-\omega^2 LC}$$

实际电容相对变化为

$$\frac{\Delta C_e}{C_e}=\frac{\Delta C}{C}\times\frac{1}{1-\omega^2 LC}$$

因此实际的灵敏度为

$$K_e=\frac{\Delta C_e/C_e}{\Delta d}=\frac{\Delta C/C}{\Delta d}\times\frac{1}{1-\omega^2 LC}=\frac{K}{1-\omega^2 LC}$$

可见，电容传感器的等效灵敏度K_e与传感器的固有电感L有关，且随ω变化而变化。因此，在实际应用前必须要进行标定，否则将会引入测量误差。

4. 电容式传感器的测量电路

（1）调频测量电路。调频测量电路把电容式传感器作为振荡器谐振回路的一部分。当输入量导致电容量发生变化时，振荡器的振荡频率就发生变化。显然可将频率作为测量系统的输出量，用以判断被测非电量的大小，但此时系统是非线性的，不易校正，因此加入鉴频器，将频率的变化转换为振幅的变化，经过放大就可以用仪器指示或记录仪记录下来。调频测量电路原理如图6-4所示，调频式测量电路图如图6-5所示。

图6-4　调频式测量电路原理图

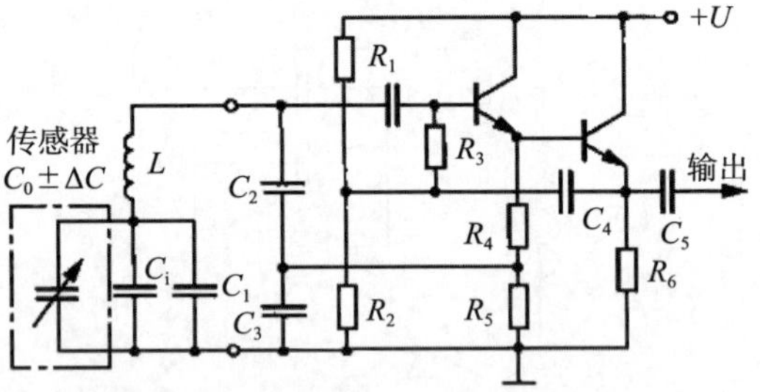

图6-5　调频式测量电路原理图

图6-5中调频振荡器的振荡频率为

$$f=\frac{1}{2\pi\sqrt{LC}}$$

式中：L为振荡回路的电感；C为振荡回路的总电容，$C=C_1+C_i+C_0\pm\Delta C$，其中，C_1为振荡回路固有电容，C_i为传感器引线分布电容，$C_0\pm\Delta C$为传感器的电容。当被测信号为零时，$\Delta C=0$，振荡器有一个固有振荡频率f_0，即

$$f_0=\frac{1}{2\pi\sqrt{L(C_1+C_i+C_0)}}$$

当电容发生变化时，频率变为

$$f=\frac{1}{2\pi\sqrt{L(C_1+C_i+C_0\pm\Delta C)}}=f_0+\Delta f$$

调频测量电路具有较高的灵敏度，可测至0.01μm级位移变化量，易于用数字仪器测量，并与计算机通信，抗干扰能力强。

（2）交流电桥测量电路。电容式传感器一般采用变压器电桥将电容变化转换为电压变化，如图6-6所示。变压器电桥的两个平衡臂是变压器的次级绕组，另两个为差动电容传感器的电容。变压器电桥具有使用元件最少、桥路内阻最小的特点。电桥输出电压为

$$\dot{U}_0=\frac{\dot{E}}{2}\cdot\frac{C_{x1}}{C_{x1}+C_{x2}}-\frac{\dot{E}}{2}=\frac{\dot{E}}{2}\left(\frac{2C_{x1}}{C_{x1}+C_{x2}}-1\right)=\frac{\dot{E}}{2}\cdot\frac{C_{x1}-C_{x2}}{C_{x1}+C_{x2}}=\frac{\dot{E}}{2}\cdot\frac{\Delta C}{C_0}$$

若传感器为变极距式差动电容传感器，电桥输出式变为

$$\dot{U}_0=\frac{\dot{E}}{2}\cdot\frac{\Delta d}{d_0}$$

U_0经放大、相敏检波和滤波后输出直流电压U_{sc}大小与位移成线性关系，其正负极性反映位移的方向。

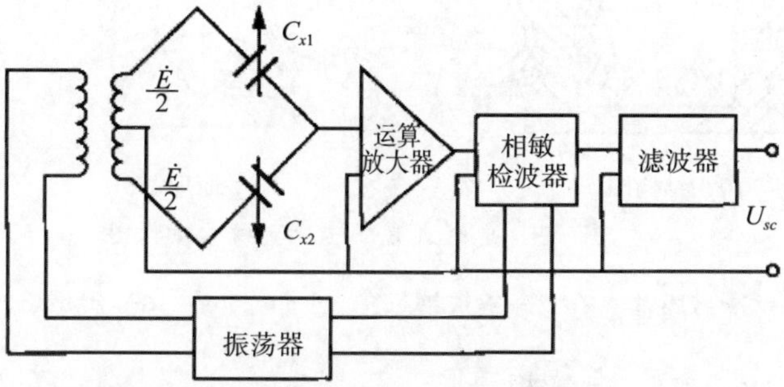

图6-6 变压器电桥测量电路

电容电桥的主要特点有：

① 高频交流正弦波供电。

② 电桥输出调幅波。由于电桥输出电压与电源电压有关，因此要求电源电压波动极小，需采用稳幅、稳频等措施。

③ 电桥通常处于不平衡工作状态，所以传感器必须工作在平衡位置附近，否则电桥非线性增大。在要求准确度高的场合应采用自动平衡电桥。

④ 输出阻抗很高（一般达几兆欧至几十兆欧），输出电压低，必须后接高输入阻抗、高放大倍数的处理电路。

5. 电容式传感器的应用

（1）电容式压力传感器。电容式压力传感器不仅应用于压力、差压、料位等热工参数的测量，也广泛用于位移、振动、荷重的机械量的测量。

1）电容式差压传感器。电容式差压传感器实物图如图6-7所示，其核心结构如图6-8所示。将左右对称的不锈钢基座2和3的外侧加工成环状波纹沟槽，并焊上波纹隔离膜片1和4，基座内侧有玻璃层5，基座和玻璃层中央有孔。玻璃层内表面磨成凹球面，球面除边缘部分外镀以金属膜6，此金属膜层为电容的定极板并有导线通往外部。在对称结构的中央夹入并焊接弹性平膜片，即测

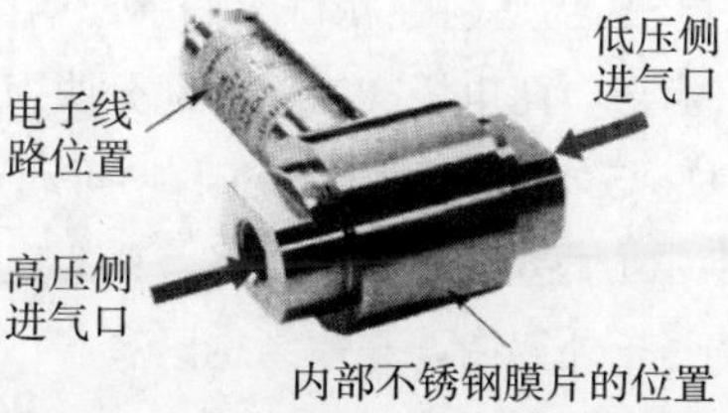

图6-7 电容式差压传感器实物图

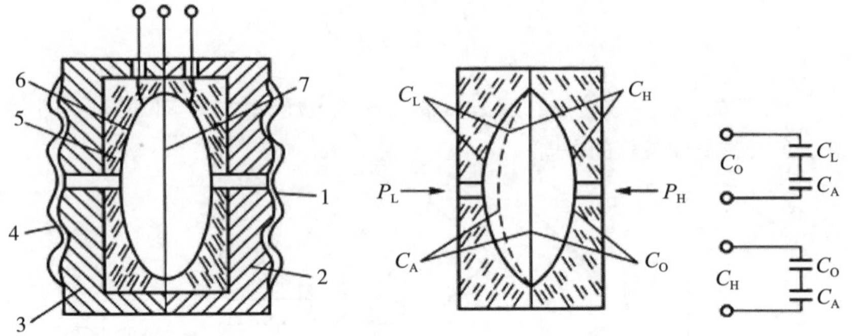

（a）结构图　（b）原理图　（c）等效电路图

图6-8　电容式差压传感器核心结构图

1、4—波纹隔离膜片　2、3—不锈钢基座　5—玻璃层　6—金属膜　7—测量膜片

量膜片7，为电容的可动极板。

此电容式传感器的特点是灵敏度高、线性好，并减少了由于介电常数受温度影响引起的温度不稳定性。

2）变面积式压力传感器。这种传感器的结构如图6-9所示。被测压力作用在金属膜片1上，通过中心柱2、支撑弹簧3使可动电极4随膜片中心位移而动作。

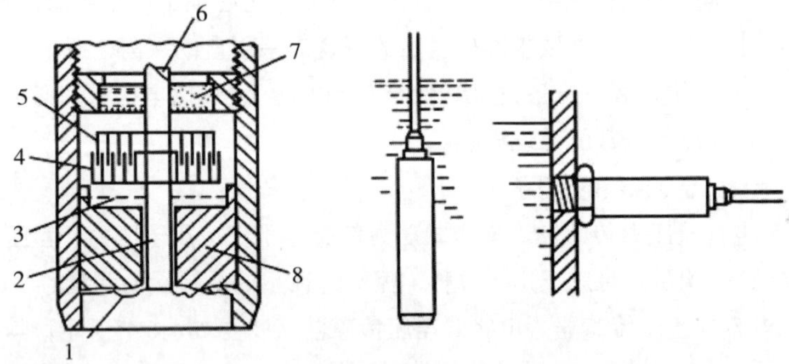

（a）　（b）　（c）

图6-9　变面积式压力传感器原理结构图

1—金属膜片　2、6—中心柱　3—支撑弹簧　4—可动电极
5—固定电极　7—绝缘支架　8—同心环形槽

可动电极4和固定电极5都是由金属材料切削成的同心环型槽8构成的，有套筒状突起，断面呈梳齿形，两电极交错重叠部分曲面积决定电容量。

固定电极5的中心柱6与外壳间有绝缘支架7，可动电极4与外壳连通。压力引起的极间电容变化由中心柱6引至电子线路，变为直流信号输出。电子线路与上述可变电容安装在同一外壳内，整体结构紧凑。

该种传感器可利用软导线悬挂在被测介质中，如图6-9 (b)所示，也可用螺纹或法兰安装在容器壁上，如图6-9 (c)所示。

这种传感器的测量范围是固定的，不能随意迁移，而且因其膜片背面为无防腐能力的封闭空间，不可与被测介质接触，故只限于测量压力，不能测量压差。膜片中心位移不超过0.3mm，其背面无硅油，可视为恒定的大气压。采用两线制连接方式，工作电压为12～36V，精度为0.25～0.5级，工作温度为-10～+150℃。

（2）荷重传感器。电容式荷重传感器实物如图6-10所示，其结构如图6-11所示，它是在一块特种钢上，于同一高度并排平行打一些圆孔，孔的内壁以特殊的黏合剂固定两个截面为T形的绝缘体，保持其平行并留有一定间隙，在相对面上粘贴铜箔，从而形成一排平板电容。

（a）S型荷重传感器　　（b）单点式荷重传感器

图6-10　电容式荷重传感器实物图

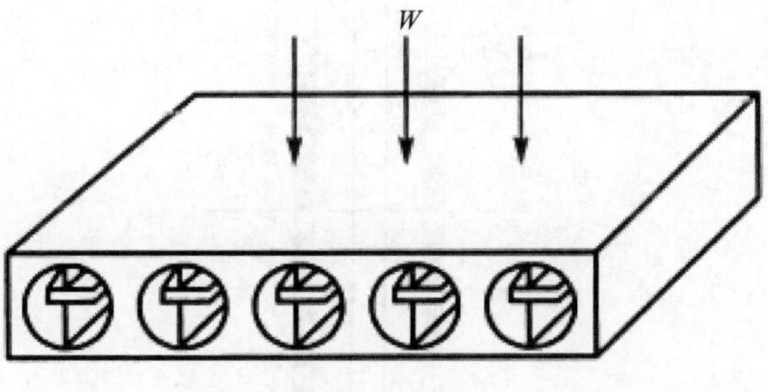

图6-11　电容式荷重传感器原理结构图

当圆孔受荷重变形时，电容值将改变，在电路上各电容并联，因此总电容量将正比于平均荷重W。该种传感器具有误差较小、接触面影响小、测量电路可装在孔中工作，稳定性好等优点。

（3）电容式测厚传感器。电容式测厚传感器是用来对金属带材在轧制过程中厚度的检测，其工作原理是在被测带材的上、下两侧各置放一块面积相等、与带材距离相等的极板，这样极板与带材就构成了两个电容器C_1、C_2。把两块极板用导线连接起来成为一个极，而带材就是电容的另一个极，其总电容为C_1+C_2，如果带材的厚度发生变化，将引起电容量的变化，用交流电桥将电容的变化测出来，经过放大即可由电表指示测量结果。

差动式电容测厚传感器的测量原理框图如图6-12所示。音频信号发生器产生的音频信号，接入变压器T的原边线圈，变压器副边的两个线圈作为测量电桥的两臂，电桥的另外两桥臂内标准电容C_0和带材与极板形成的被测电容C_x，$(C_x=C_1+C_2)$组成。电桥的输出电压经放大器放大后整流为直流，再经差动放大，即可用指示电表指示出带材厚度的变化。

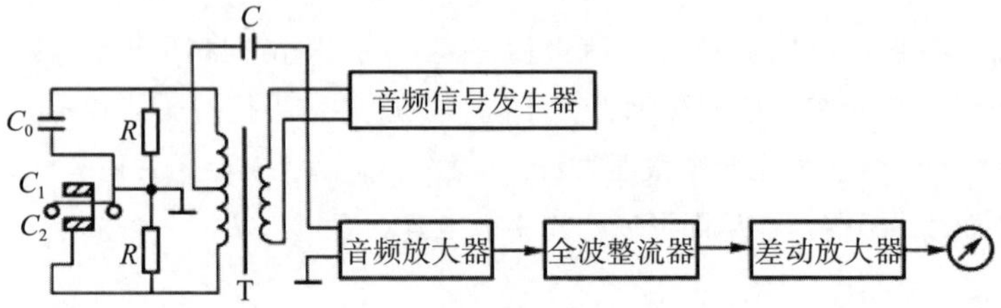

图6-12　电容式测厚传感器原理框图

（4）电容式液位传感器。电容式液位传感器是利用被测介质面的变化引起电容变化的一种变介质型电容器。图6-13所示为用于检测非导电液体的电容式传感器。它是通过将被测介质的液面高度变化转为电容器电容量的变化，当被测液体的液面在电容传感器的两同心圆柱形电极间变化时，引起极间不同介电常数介质的高度发生变化。

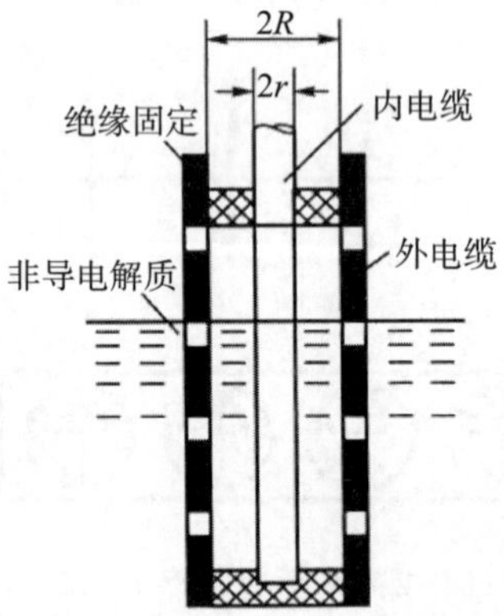

图6-13　电容式液位计原理图(非导电介质)

设容器中液体介质淹没电极的高度为x，单位为m，根据同心筒状电容的公式，可写出气体部分（上部）的电容为

$$C_1=\frac{2\pi\varepsilon_0\,(h-x)}{\ln\,(D_2/D_1)}$$

液体部分的电容为

$$C_2=\frac{2\pi\varepsilon_1 x}{\ln\,(D_2/D_1)}$$

忽略杂散电容及端部效应后，两电极间总电容为

$$C=\frac{2\pi}{\ln(D_2/D_1)}[\varepsilon_0 h+(\varepsilon_1-\varepsilon_0)x]$$
$$=C_0+\frac{2\pi}{\ln(D_2/D_1)}(\varepsilon_1-\varepsilon_0)x$$

式中 ε_1、ε_0——液体、空气的介电常数，F/m；

h——电极的总高度，m；

D_1、D_2——内电极外半径、外电极内半径，m。

上式中C_0为初始电容，在无液体时测得，当有液体时，输出电容C与液面高度x呈线性关系。

上述原理也可用于导电介质的液位测量，这时传感器极板必须与被测介质绝缘，如图6-14所示。在液体中插入一根带绝缘套的电极，由于液体是导电的，容器和液体可看成是一个电极，插入的金属电极作为另一个电极，绝缘套管为中间介质，三者组成圆筒电容器。

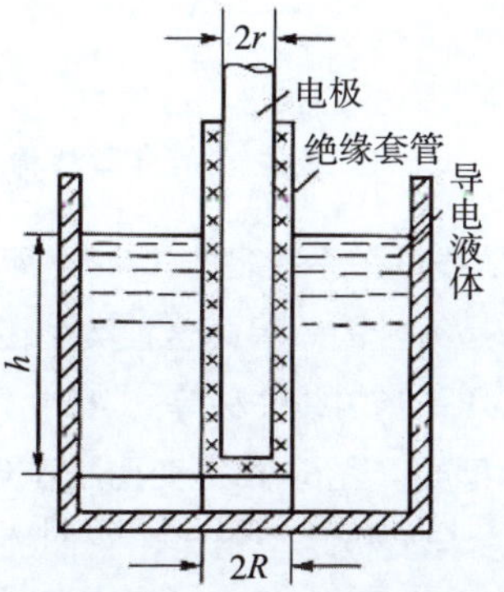

图6-14 电容式液位计原理图（导电介质）

三、任务分析

1. 电容式传感器的工作原理

由物理学可知，两个平行金属极板组成的电容器，如果不考虑其边缘效应，其电容为

$$C=\frac{\varepsilon S}{d}$$

式中：ε为两个极板间介质的介电常数；S为两个极板相对有效面积；d为两个极板间的距离。

由上式可知，改变电容C的方法有三种：一是改变介质的介电常数ε；二是改变形成电容的有效面积S；三是改变两个极板间的距离d。从而得到电参数的输出为电容值的增量ΔC，这就组成了电容式传感器。

2. 电容式传感器的类型

根据上述原理，在应用中电容式传感器可以有三种基本类型——变极距（或称变间隙）型、变面积型和变介电常数型。而它们的电极形状又有平板形、圆柱形和球平面形三种。

（1）变极距型电容传感器。图6-15是变极距型电容传感器的结构原理图。图中1、3为固定极板；2为可动极板，其位移是被测量变化而引起的。当可动极板向上移动Δd，图6-15 (a)和图6-15 (b)结构的电容增量为

$$\Delta C=\frac{\varepsilon S}{d-\Delta d}-\frac{\varepsilon S}{d}=\frac{\varepsilon S}{d}\frac{\Delta d}{d-\Delta d}=C_0\frac{\Delta d}{d-\Delta d}$$

式中：C_0为极距为d时的初始电容值。

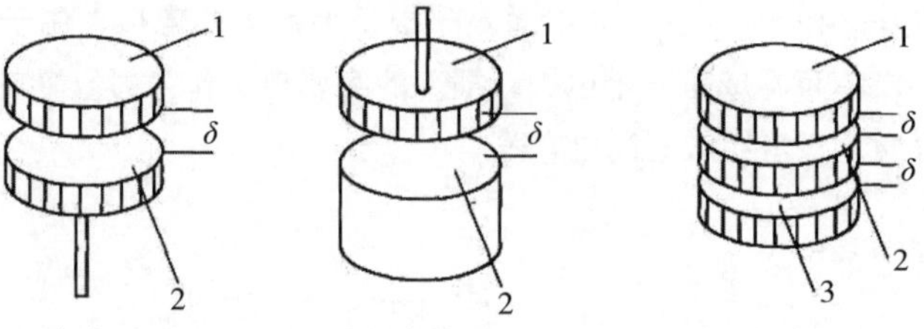

图6-15　变极距型电容传感器结构原理图

上式说明ΔC与Δd不是线性关系。但当$\Delta d \ll d$（即量程远小于极板间初始距离）时，可以认为$\Delta C-\Delta d$是线性的。因此这种类型传感器一般用来测量微小变化的量，如0.01μm至零点几毫米的线位移等。

（2）变面积型电容传感器。图6-16是变面积型电容传感器的结构示意图，其中图6-16 (d)为差分式。与变极距型相比，它们的测量范围大，可测较大的线位移或角位移。图中1为固定极，2为可动极。当被测量变化使可动极2位移时，就改变了电极间的遮盖面积，电容量C也就随之变化。对于电容间遮盖面积由S变为S'时，则电容量为

$$\Delta C=\frac{\varepsilon S}{d}-\frac{\varepsilon S'}{d}=\frac{\varepsilon(S-S')}{d}=\frac{\varepsilon\cdot\Delta S}{d}$$

式中：$\Delta S=S-S'$。由上式可见，电容的变化量与面积的变化量呈线性关系。

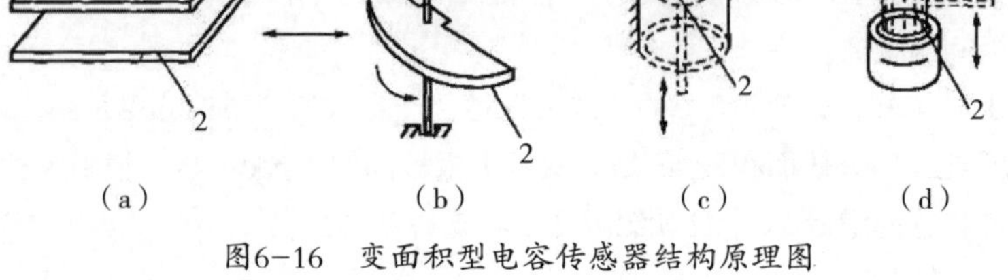

图6-16　变面积型电容传感器结构原理图

1—固定极　2—可动极

（3）变介电常数型电容传感器。变介电常数型电容传感器的结构原理如图6-17所示，这种传感器大多用来测量电介质的厚度［图6-17（a）］、位移［图6-17（b）］、液位、液面［图6-17（c）］，还可根据极间介质的介电常数随温度、湿度、容量的改变来测量温度、湿度、容量［图6-17（d）］等。以图6-17（c）测液面高度为例，其电容量与被测量的关系为

$$C=\frac{2\pi\varepsilon_0 h}{\ln(r_2/r_1)}+\frac{2\pi(\varepsilon-\varepsilon_0)h_x}{\ln(r_2/r_1)}$$

式中：h为极筒高度；r_1、r_2为内极筒外半径和外极筒内半径；h_x、ε为被测液面高度和它的介电常数；ε_0为间隙内空气的介电常数。

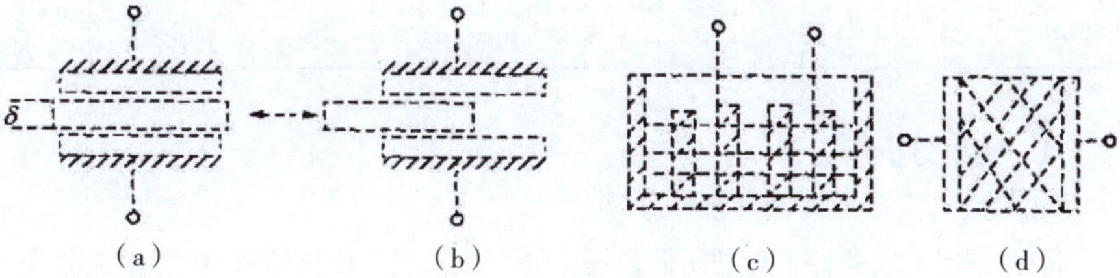

图6-17　变介电常数型电容传感器结构原理图

电容测微仪

四、任务实施

1. 目的要求

（1）认识电容式传感器的结构及安装方式。

（2）掌握电容式传感器的工作原理、测量方法及灵敏度。

（3）学会利用电容式传感器测量位移。

2. 仪器设备

电容式传感器、电容变换器、低通滤波器、差动放大器、低频振荡器、测微头、数字电压表、电源、导线。

3. 操作步骤

（1）开启仪器电源，差动放大器的增益约为100（顺时针方向旋到底），“+”“-”输入端。

用实验线对地短路，输出端接数字电压表，用调零电位器调整差动放大器，使其输出电压为零，然后拔掉实验线。调零后电位器的位置不变。

（2）按图6-18所示的实训电路接线。

（3）零位时调整差动放大器，装上测微头，旋转手柄带动振动台位移，使电容动极板位于两定极板中间处。此时，差动放大器的输出应为零。

（4）旋动测微头，带动动极板分别向上和向下各移动5mm，测微头每移动0.5 mm时，分别记录其输出电压值并填入位移与电压关系表（表6-1）。

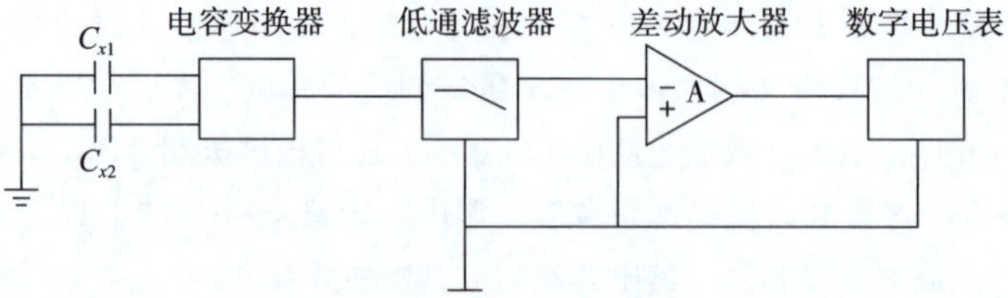

图6-18　电容式传感器进行位移测量的实训电路图

表6-1　位移与电压关系表

U/V																					
x/mm																					

4. 结果分析

（1）绘出实验原理图并加以说明。

（2）列出实验条件，整理所测数据，并在坐标图上作出位移-电压关系曲线。

（3）根据表中所测数据计算灵敏度k，$k=U/x$，并结合位移-电压关系曲线进行分析。

五、知识拓展

电容式位移传感器的性能

电容式位移传感器的电容器极板多为金属材料，极板间衬物多为无机材料，如空气、玻璃、陶瓷、石英等，因此可以在高温、低温强磁场、强辐射下长期工作，尤其是解决高温高压环境下的检测难题。

该传感器还可与控制室中的二次仪表或控制器相连，在线、连续、实时地检测各种数据然后直接显示，远程控制和报警。实现数据存储、计算、传输和控制功能，广泛应用于各种注塑机中。

电容式位移传感器尤其适合缓慢变化或微小量的测量，一般来说采用电容式传感器进行检测比较适宜。电容式位移传感器的这些性能必然促使其应用范围越来越广泛。

六、思考与练习

1. 填空

（1）电容式传感器是一种将被测非电量变化转换为________的传感器。

（2）电容式传感器可以有三种基本类型——________型、________型和________型。

2. 画图

请画出电容式传感器的等效电路。

3. 问答

（1）简述电容式传感器的工作原理。

（2）简述电容式传感器的工作过程。

任务二　光纤传感器直线位移的测量

一、任务描述

光学纤维简称光纤，是20世纪70年代发展起来的一种新兴的光电技术材料。光纤的最初研究是为了通信，它用于传感器始于1977年。由于光纤传感器具有灵敏度高、电绝缘性能好、抗电磁干扰、耐腐蚀、耐高温、体积小、重量轻、防燃防爆、适于远距离传输、便于与计算机连接以及与光纤传输系统组成遥测网等优点，可广泛用于位移、速度、加速度、压力、温度、液位、流量、水声、电流、磁场、放射性射线等物理量的测量，发展极为迅速，到目前为止，已相继研制出数十种不同类型的光纤传感器。

二、任务资讯

1. 光纤传感器的分类

光纤传感器从构成光纤的材料看，可分为玻璃光纤和塑料光纤两大类，从性能和可靠性考虑，当前大都采用玻璃光纤。

光纤传感器从其传输模式看，可分为单模光纤和多模光纤。单模光纤和多模光纤结构上有不同之处。一般纤芯的直径只有传输光波波长几倍的光纤是单模光纤，纤芯的直径比光波波长大很多倍的是多模光纤。两者断面结构明显不同，如图6-19所示。多模光纤的断面是纤芯粗、包层薄，制造、连接容易；单模光纤的整个面是纤芯细、包层厚、传输性能好，但制造、连接困难。

光纤传感器按折射率的分布，可分为阶跃型光纤和缓变型（梯度型）光纤，如图6-20所示。图6-20（a）所示为阶跃型光纤，纤芯的折射率沿径向为定值n_1，包层的折射率为定值n_2；图6-20（b）所示为缓变型光纤，折射率在中心轴上最大，沿径向逐渐变小。光射入缓变型光纤后全自动向轴心处会聚，故也称为自聚焦光纤。

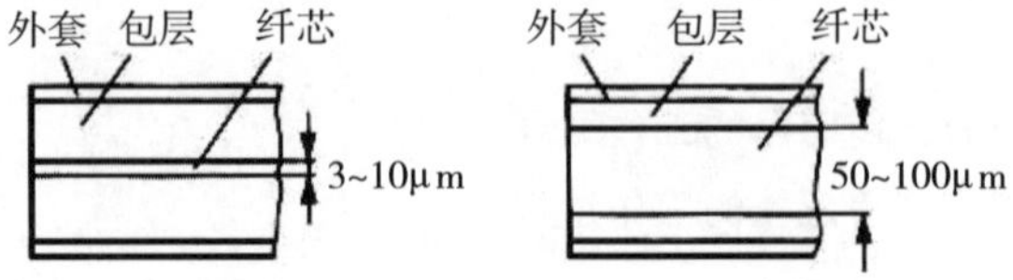

（a）单模光纤　（b）多模光纤

图6-19　单模和多模光纤结构

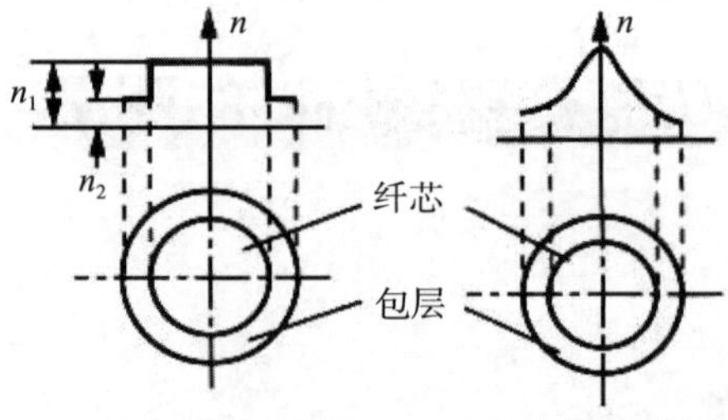

（a）阶跃型光纤　（b）缓变型光纤

图6-20　阶跃型和缓变型光纤

光纤传感器按照光纤的使用方式，可分为功能型传感器和非功能型传感器。功能型传感器是利用光纤本身的特性随被测量发生变化。例如，将光纤置于声场中，则光纤纤心的折射率在声场作用下发生变化，将这种折射率的变化作为光纤中光的相位变化检测出来，就可以知道声场的强度。由于功能型传感器是利用光纤作为敏感元件，所以又称为传感型光纤传感器。非功能型传感器是利用其他敏感元件来感受被测量变化，光纤仅作为光的传输介质，因此也称为传光型光纤传感器或称混合型光纤传感器。

2. 光纤的主要参数

（1）数值孔径。数值孔径反映了纤芯的集光能力，是标志光纤接收性能的重要参数。其意义是：无论光源发射功率有多大，共有2θ张角之内的光功率能被光纤接收。角2θ与光纤内芯和包层材料的折射率有关，一般希望有大的数值孔径，以利于耦合效率的提高，但数值孔径越大，光信号畸变就越严重，所以要适当选择。

（2）光纤模式。光纤模式简单地说就是光波沿光纤传播的途径和方式。在光纤中传播的模式很多，这对信息的传播是不利的，因为同一个光信号采用很多模式传播，就会使这一光信号分裂为不同时间到达接收端的多个小信号，从而导致合成信号畸变。因此希望模式数量越少越好，尽可能在单模方式下工作。

3. 常用光纤传感器

实际的光纤传感器不是一根光纤而是多股光纤，标准的光纤由600根直径为0.762mm的光纤组成。光纤传感器的种类很多，工作原理也各不相同，但都离不开光的调制和解调两个环节。光调制就是把某一被测信息加载到传输光波上，这种承载了被测量信息的调制光再经光探测系统解调，便可获得所需检测的信息。原则上说，只要能找到一种途径，把被测信息叠加到光波上并能解调出来，就可构成一种光纤传感器，如图6-21所示，实现对被测对象的检测。

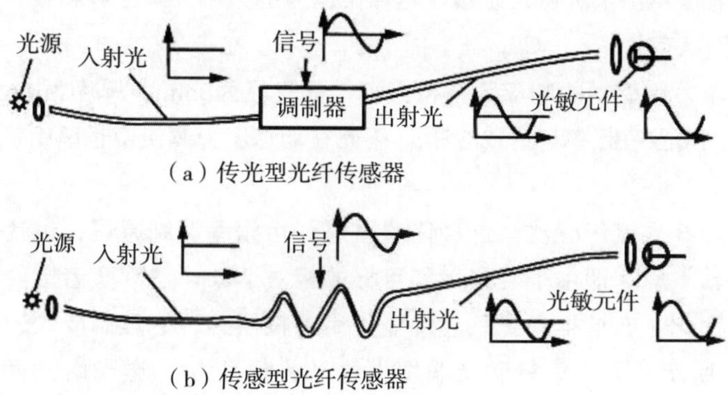

图6-21　光的调制和解调

光调制技术在光纤传感器中是非常重要的技术，各种光纤传感器都不同程度地利用了光调制技术。

按照调制方式分类，光调制可以分为强度调制、相位调制、偏振调制、频率调制和波长调制等。所有这些调制过程都可以归结为将一个携带信号的信号叠加到载波光波上，而能完成这一过程的器件称为调制器。调制器能使载波光波参数随外加信号变化而改变，这些参数包括光波的强度（幅值）、相位、频率、偏振、波长等。常用的光调制有强度调制、相位调制、频率调制及偏振调制等几种，为了便于说明，下面将这些方法结合在典型传感器实例中介绍。

（1）光纤压力传感器。光纤传感器中光强度调制的基本原理可简述为以被测对象所引起的光强度的变化，图6-22所示为一种按光强度调制原理制成的光

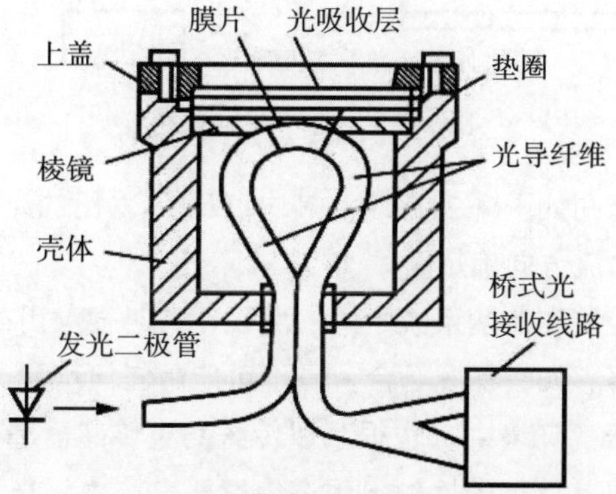

图6-22　光纤压力传感器结构

纤压力传感器结构。这种压力传感器的工作原理如下：

当被测力作用于膜片时，膜片感受到被测力向内弯曲，使光纤与膜片间的气隙减小，使棱镜与光吸收层之间的气隙发生改变。气隙发生改变引起棱镜界面上全内反射的局部破坏，造成一部分光离开棱镜的上界面，进入吸收层并被吸收，致使反射回接收光纤的光强减小。接收光纤内反射光强度的改变可由桥式光接收器检测出来。桥式光接收器输出信号的大小只与光纤和膜片间的距离和膜片的形状有关。

光纤压力传感器的响应频率相当高，如直径为2mm，厚度为0.65mm的不锈钢膜片，其固有频率可达128kHz。因此在动态压力测量中也是比较理想的传感器。

（2）光纤立流传感器。这种传感器是利用频率调制原理，也就是利用光学的多普勒效应，即由于观察者和目标的相对运动，使观察者接收到的光波频率发生变化。在这里光纤只起传输作用。按照这种原理制成的光纤血流计如图6-23所示：其中氩氖激光器发出的光波频率为f，激光由分束器分为两束；一束作为测量光束，通过光纤探针进到被测血液中，经过血流的散射，一部分光按原路返回，得到多普勒频移信号$f+\Delta f$；另一束作为参考光进入频移器，在此得到频移的新参考光信号$f-f_b$。将新参考光信号与多普勒频移信号进行混频后得到测量的光信号，再利用光敏二极管接收该混频光信号，并变换成光电流送入频率分析器，最后在记录仪上得到对应于血流速度的多普勒频移谱。

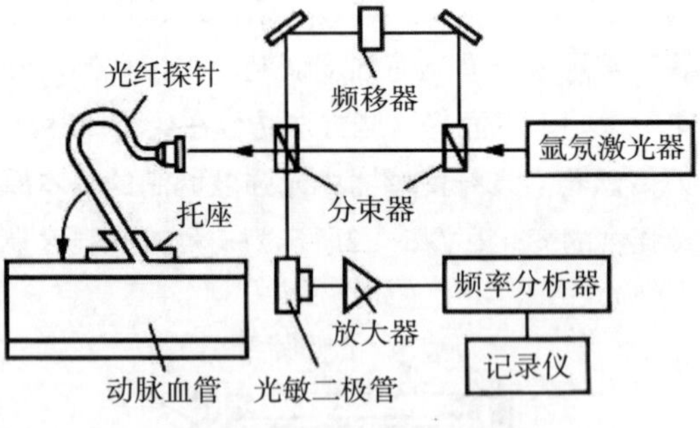

图6-23　光纤血流传感器

多普勒频移谱图如图6-24所示。其中，I表示输出的光电流；f_0表示最大频移；Δf的符号由血流方向确定。

在很多工业控制和监测系统中人们发现，有时很难用或根本不能用以电为基础的传统传感器。如在易爆场合，是不可能用任何可能产生电火花的仪表设备的；在强磁电干扰环境中，也很难以传统的电传感器精确测量弱电磁信号。光纤传感器在此以其特有的性能出现在传感器家族中。光源、光的传输、光-电转换和电信号的处理是组成光纤传感器的基本要素。光纤传感器避开了电信号的转换，利用被测量对光纤内传输的光进行调制，使传输光的某一特性如强度、相位、频率或偏振态发生改变，从而被检测出来。

相位调制型光纤传感器

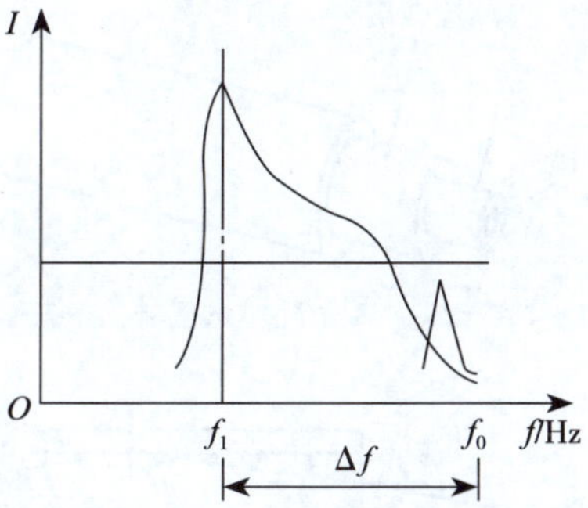

图6-24 多普勒频移谱图

三、任务分析

每根光纤由一个圆柱形的纤芯和包层、涂覆层、护套组成，如图6-25所示。纤芯位于光纤的中心，是直径约5~7μm、由玻璃或塑料制成的圆柱体，光主要在纤芯中传输。围绕着纤芯的圆筒形部分称为包层，直径约100~200μm，是用较纤芯折射率小的玻璃或塑料制成的。在包层外面通常有一层尼龙护套，直径约1mm，一方面增强光纤的机械强度，起保护作用；另一方面用颜色区分各种光纤。

构成光纤传感器除光导纤维之外，还必须有光源和光探测器两个重要器件。为了保证光纤传感器的性能，对光源的结构与特性有一定要求。一般要求光源的体积尽量小，以利于它与光纤耦合；光源发出的光波长应合适，以便减少光在光纤中传输的损失；光源要有足够亮度，以便提高传感器的输出信号。另外还要求光源稳定性好、噪声小、安装方便和寿命长。常用的光探测器有光敏二极管、光敏三极管、光电倍增管等。在光纤传感器中，光探测器性能好坏既影响被测物理量的变换准确度，又关系到光探测接收系统的质量。它的线性度、灵敏度、带宽等参数直接关系到传感器的总体性能。

光是一种电磁波，众所周知，光是直线传播的。然而入射到光纤中的光线却能限制在光纤中，而且随着光纤的弯曲而走弯曲的路线，并能传送到很远的地方去。当光纤的直径比光的波长大很多时，可以用几何光学的方法来说明光在光纤中的传播。

空气中的折射率为n_0，当光从光密（折射率大）介质射向光疏（折射率小）介质，而入射角α大于临界角θ时，光线产生全反射，即光不再离开光密介质。光纤由于其圆柱形纤芯的折射率n_1大于包层的折射率n_2，因此如图6-26所示，在角2θ之间的入射光，除了在玻璃中吸收和散射之外，大部分在界面上产生多次反射，以锯齿形的路线在光纤中向前传播。

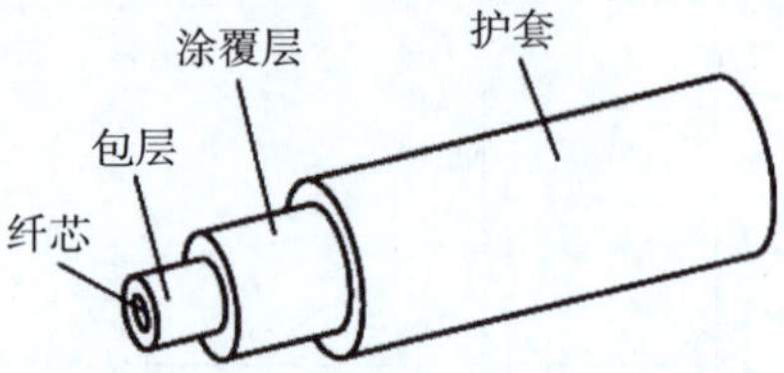

图6-25　光导纤维的基本结构

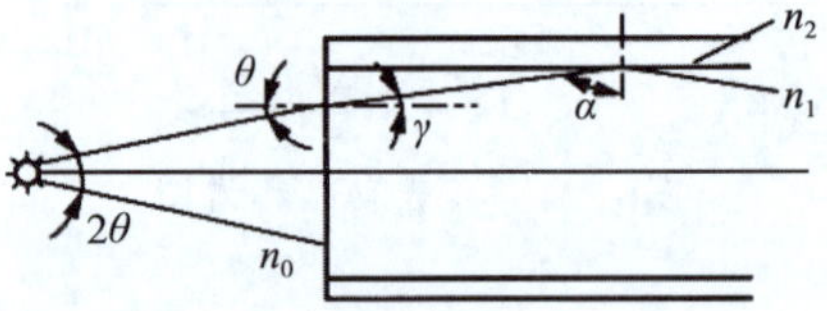

图6-26　光导纤维中光的传输特性

光纤传感器原理

四、任务实施

1. 目的要求

（1）了解光纤位移传感器的工作原理及其特性。

（2）了解并掌握光纤位移传感器测量位移的方法。

2. 仪器设备

（1）光线位移传感器实验仪　　1台

（2）反射式光纤　　1根

（3）对射式光纤　　2根

（4）连接导线　　若干

（5）电源线　　1根

3. 操作步骤

（1）光学系统组装调试实验

① 安装对射式光纤传感装置。二维平移台由两个一维平移台组成，其中每个一维平移台上面有五个固定螺孔，将其中一个连接杆架固定在左边平移台上靠右的螺孔上，另一个连接杆架固定在右边平移台上靠左的螺孔上，这样两个杆架相隔最近。

注意：安装第二个杆架需要取下杆架上面的紧固螺钉，否则冲突不能安装。

对射式光纤传感器为两根单独的光纤，各自通过连接杆插入连接杆架，通过杆架上面的紧固螺钉固定，并通过调节上下位置，保证光纤发射面和另一根光纤接收面在同一水平面上。二束光纤分别插入实验仪左侧发射和接收端。发射和接收孔内已和发光二极管及光电探测器相接。

② 调节左边位移台上测微丝杆，使两根光纤端面同轴心。调节右边位移台上测微丝杆，使两根光纤端面刚好接触。

③ 将发射和接收部分的测试孔用导线按颜色对应接入电路上发射、接收端测试孔；探测器输出信号处理电路不接调零电路，即绿色测试孔和其下方黑色测试孔（系统地）用导线连接。输出端（U_0）及其下方测试孔（系统地）按照颜色对应接入电压表输入端“+”“−”，电压表选择20V挡。

④ 打开电源开关，调节右边平移台上测微丝杆，使两根光纤传感器端面离开，观察电压表显示变化，对射式光纤传感系统组装完成。学习通过调节位移台控制两根光纤端面的对准及横向和纵向偏离。

⑤ 关闭电源，取下两根光纤，连接杆取下。

⑥ 安装反射式光纤传感装置。反射式光纤传感器上光纤为二束，其中一束由单根光纤组成，实验时对应插入发射孔；另一束由16根光纤组成，实验时对应插入接收孔。通过连接杆，插入连接杆架。平面反射镜通过另一根连接杆接入另一个连接杆架，通过调节上下位置，保证光纤发射面和平面反射镜中心在同一水平面上，铜鼓杆架上面的紧固螺钉固定反射式光纤和平面反射镜。

⑦ 调节左边位移台上测微丝杆，使光纤端面与平面反射镜同轴心。调节右边位移台上测微丝杆，使光纤端面与平面反射镜刚好接触。

⑧ 打开电源开关，调节右边平移台上测微丝杆，使两根光纤传感器端面离开，观察电压表显示变化，反射式光纤传感系统组装完成。

⑨ 关闭电源。如果继续进行下面的实验，光纤位移装置和连线可不拆除。

（2）发光二极管驱动及探测器接收实验

① 安装光纤位移传感实验装置以及连线请参照实验（1）的步骤。对射式和反射式任选一种即可。

② 打开电源开关，取出发射端光纤，观察发光二极管发光，发光二极管发出的光很耀眼，不要用眼直视。慢慢插入发射端光纤到底，插入过程智能光观察电压表变化，并分析变化原因。

③ 电压表选择20V挡，电路输出端（U_0）连线拆掉，对应接入发射测试孔两端（红接红、黑接黑），电压表显示值即为发光二极管工作电压。根据实验仪面板上发光二极管驱动电路图示分析发光二极管驱动原理。

④ 电压表选择200mV挡，电路输出端（U_0）及其下方测试孔（系统地）按照颜色对应接入电压表输入端“+”“−”。调节螺旋测微丝杆，观察电压表显示变化。根据实验仪面板上探测器接收电路图示，分析光电探测器使用原理。

⑤ 关闭电源。拆除所有连线，如果继续进行下面的实验，可不拆除光纤位移装置。

（3）光纤位移传感器输出信号处理实验

① 安装光纤位移传感实验装置以及连线请参照实验（1）的步骤。对射式和反射式任选一种即可。

② 将发射和接收部分的测试孔用导线按颜色对应接入电路上发射、接收端测试孔；探测器输出信号处理电路不接调零电路，即绿色测试孔和其下方黑色测试孔（系统地）用导线连接。输出端（U_0）及其下方测试孔（系统地）按照颜色对应接入电压表输入端“+”“-”，电压表选择2V挡。

③ 打开电源开关，调节螺旋测微丝杆，调节增益调节旋钮，观察电压表显示变化。根据实验仪上面探测器放大电路图示分析放大电路工作原理。

④ 关闭电源。拆除所有连线，如果继续进行下面的实验，可不拆除光纤位移装置。

（4）光纤位移传感器输出信号误差补偿实验

① 安装光纤位移传感实验装置以及连线请参照实验（1）的步骤。对射式和反射式任选一种即可。

② 将发射和接收部分的测试孔用导线按颜色对应接入电路上发射、接收端测试孔；探测器输出信号处理电路不接调零电路，即绿色测试孔和其下方黑色测试孔（系统地）用导线连接。输出端（U_0）及其下方测试孔（系统地）按照颜色对应接入电压表输入端“+”“-”，电压表选择2V挡。

③ 将接收光纤从接收孔中拔出，并用手指封住接收孔。

④ 打开电源开关，观察电压表显示值，并分析原因。

⑤ 关闭电源。增加补偿调零电路。绿色测试孔与黑色测试孔的连线拆除，补偿调零调节旋钮的测试孔按照颜色对应接入电路中测试孔（黄接黄、绿接绿、蓝接蓝）。

⑥ 打开电源，用手封住接收孔，调节补偿调零旋钮，将电压表显示值调节为零。分析补偿调零电路原理及其好处。

⑦ 关闭电源。拆除光纤位移装置及连线。

（5）光纤位移传感器测距原理实验（对射式）

① 参照实验（1）步骤安装对射式光纤传感器实验装置。

② 将发射和接收部分的测试孔用导线按颜色对应接入电路上发射、接收端测试孔；探测器输出信号处理电路接上调零电路。

③ 调节位移台，使两根光纤端面同轴心并接触，此时探测器输出电压最大。

④ 打开电源开关，调节平移台使两根光纤端面渐渐离开，每隔0.1mm读出数显表值，记录40组数据。

⑤ 根据记录数据绘制曲线。

⑥ 分析。

⑦ 关闭电源。拆除所有连线和光纤位移装置。

（6）光纤位移传感器测距原理实验（反射式）

① 参照实验（1）步骤安装反射式光纤传感器实验装置。

② 将发射和接收部分的测试孔用导线按颜色对应接入电路上发射、接收端测试孔；探测器输出信号处理电路接上调零电路。

③ 调节位移台，使反射式光纤传感器端面与平面反射镜接触，此时探测器输出电压应该为零，若不为零，调节调零旋钮使其归零。

④ 打开电源开关，调节平移台使光纤端面渐渐离开平面反射镜，每隔0.1mm读出数显表值，记录40组数据。

⑤ 根据记录数据绘制曲线。

⑥ 分析。

⑦ 关闭电源。拆除所有连线和光纤位移装置。

五、知识拓展

光纤传感器发展现状

国内市场上，应用最为广泛的光纤传感技术当属布拉格光纤光栅和基于光时域反射的分布式传感器，这种技术基本上可以满足中低端市场的需求。而现在光谱线宽窄至2kHz的单频光纤激光器及其引申出来的最新一代光传感技术，这与传统的光纤传感技术有很大的区别，它可以进行超远距离的传输，精度和敏感度能达到更高的要求，这在高端市场上需求很大，21世纪初，该项技术在国内尚处于立项和预研阶段。国内市场上光纤传感器应用主要有以下四种：光纤陀螺、光纤光栅传感器、光纤电流传感器和光纤水听器。下面对这四种产品分别介绍。

1. 光纤陀螺

光纤陀螺按原理可分为干涉型、谐振型和布里渊型，这是三代光纤陀螺的代表。第一代干涉型光纤陀螺，21世纪初期，该项技术就已经成熟，适合进行批量生产和商品化；第二代谐振型光纤陀螺，暂时还处于实验室研究向实用化推进的发展阶段；第三代布里渊型，还处于理论研究阶段。光纤陀螺结构根据所采用的光学元件有三种实现方法：小型分立元件系统、全光纤系统和集成光学元件系统。21世纪初期，分立光学元件技术已经基本退出，全光纤系统用在开环低精度、低成本的光纤陀螺中，集成光学器件陀螺由于其工艺简单、总体重复性好、成本低，所以在高精度光纤陀螺很受欢迎，是其主要实现方法。

2. 光纤光栅传感器

目前国内外传感器领域的研究热点之一是光纤布拉格光栅传感器。传统光纤传感器基本上可分为两种类型：光强型和干涉型。光强型传感器的缺点在于光源不稳定，而且光纤损耗和探测器容易老化；干涉型传感器由于要求两路干涉光的光强同等，所以需要固定参考点而导致应用不方便。21世纪初期开发的以光纤布拉格光栅为主的光纤光栅传感器可以避免出现上面两种情况，其传感信号为波长调制、复用能力强。在建筑健康检测、冲击检测、形状控制和振动阻尼检测等应用中，光纤光栅传感器是最理想的灵敏元件。光纤光栅传感器在地球动力学、航天器、电力工业和化学传感中有广泛的应用。

3．光纤电流传感器

电力工业的迅猛发展带动电力传输系统容量不断增加，运行电压等级也越来越高，电流也越来越大，这样测量起来就非常困难，这就显现出光纤电流传感器的优点了。在电力系统中，传统的用来测量电流的传感器是以电磁感应为基础，这就存在以下缺点：它容易爆炸以至引起灾难性事故；大故障电流会造成铁心磁饱和；铁心发生共振效应；频率响应慢；测量精度低；信号易受干扰；体积重量大、价格昂贵等，已经很难满足新一代数字电力网的发展需要。这个时候光纤电流传感器应运而生。

4．光纤水听器

光纤水听器主要用来测量水下声信号，它通过高灵敏度的光纤相干检测，将水声信号转换为光信号，并通过光纤传至信号处理系统进行识别。与传统水听器相比，光纤水听器具有灵敏度高、响应带宽宽、不受电磁干扰等特点，广泛用于军事和石油勘探、环境检测等领域，具有很大的发展潜力。光纤水听器按原理可分为干涉型、强度型、光栅型等。干涉型光纤水听器关键技术已经逐步发展成熟，在部分领域形成产品；光纤光栅水听器则是当前研究的热点，研究的关键技术涉及光源、光纤器件、探头技术、抗偏振衰落技术、抗相位衰落技术、信号处理技术、多路复用技术以及工程技术等。

光纤传感器技术是建立在光纤、光通信和光电子技术的基础上发展起来的，电磁干扰和腐蚀作用对它的影响很小，还能适应各种恶劣的气象环境，不要额外的电源进行供电，就可以长距离地进行传输，已成为传感器行业的研究热点。

传感器一直朝着灵敏、精确、适应性强、小巧和智能化的方向发展。在这一过程中，光纤传感器这个传感器家族的新成员却是备受青睐。

光纤具有很多优异的性能，例如抗电磁干扰和原子辐射的性能。光纤传感器应用于对磁、声、压力、温度、加速度、陀螺、位移、液面、转矩、光声、电流和应变等物理量的测量，其应用范围十分广泛。因此我们可以说光纤传感器具有很大的市场需求，不说长久，至少在未来5年，光纤传感器将会有广阔的发展前景。

光纤传感技术及其相关技术的迅速发展，满足了各类控制装置及系统对信息的获取与传输提出的更高要求，使得各领域的自动化程度越来越高，作为系统信息获取与传输核心器件的光纤传感器的研究非常重要。光纤传感器技术发展的主要方向是：①多用途。即一种光纤传感器不仅只针对一种物理量，要能够对多种物理量进行同时测量；②提高分布式传感器的空间分辨率、灵敏度，降低其成本，设计复杂的传感器网络工程，注意分布式传感器的参数，即压力、温度，特别是化学参数（碳氢化合物、一些污染物、湿度、pH等）对光纤的影响；③新型传感材料、传感技术等的开发；④在恶劣条件下（高温、高压、化学腐蚀）低成本传感器（支架、连接、安装）的开发和应用；⑤光纤连接器及与其他微技术结合的微光学技术。

六、思考与练习

1. 填空

（1）光学纤维简称________，它是20世纪70年代发展起来的一种新兴的光电技术材料。

（2）光纤传感器从构成光纤的材料看，可分为________和________两大类；从其传输模式看，可分为________和________；按折射率的分布，可分为________和________；按照光纤的使用方式，可分为________和________。

（3）每根光纤由一个圆柱形的________和________、________、________组成，________位于光纤的中心。光主要在________中传输。

2. 问答

（1）光纤的主要参数有哪些？

（2）简述光纤压力传感器的工作原理。

项目七 传感器在机电一体化系统中的应用

机电一体化技术是在信息论、控制论和系统论的基础上建立起来的综合技术。其实质是从系统观点出发，运用过程控制原理，将机械、电子与信息、检测等相关技术进行有机组合，实现整体最佳化。机电一体化从根本上改变了机械设备的面貌。在各种机械设备中，微机作为它的大脑，取代了常规的控制系统。机械结构是其主体和躯干，各种传感器和仪器仪表是其感官，它们感受各种机械参数的变化，并反馈到大脑（微机）中，各种执行机构则是它的手足，用以完成机械设备所必需的动作。

一个完整的机电一体化系统，一般包括微机、传感器、动力源、传动系统、执行机构等部分。传感器是机电一体化系统的重要技术之一。机电一体化系统所用传感器的种类很多，大致分类如图7-1所示。

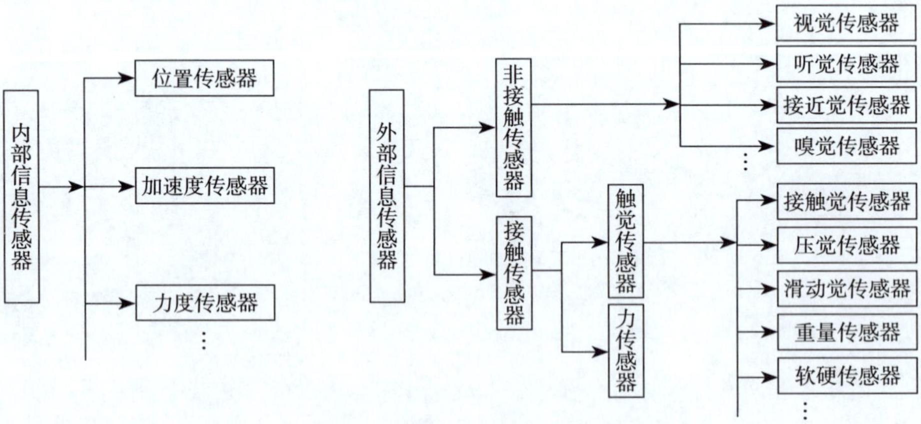

图7-1 机电一体化系统（或产品）用传感器分类

任务一 传感器在工业机器人中的应用

一、任务描述

工业机器人由操作机（机械本体）、控制器、伺服驱动系统和检测传感装置构成，是一种仿人操作、自动控制、可重复编程、能在三维空间完成各种作业的机电一体化自动化生产设备，特别适合于多品种、变批量的柔性生产。它对稳定、提高产品质量，提高生产效率，改善劳动条件和产品的快速更新换代起着十分重要的作用。它们在必要情况下配有传感器，其动作包括灵活的转动都是可编程控制的（即在工作过程中，无须任何外力的干预）。它们通常配有机械手、刀具或其他可装配的加工工具，并能够执行搬运操作与加工制造等任务。

工业机器人

二、任务资讯

1. 位移量的检测

位移传感器一般都安装在机器人各关节上，用于检测机器人各关节的位移量，作为机器人的位置控制信息。选用时应考虑到安装传感器结构的可行性以及传感器本身的精度、分辨率及灵敏度等。机器人常用的位移传感器有旋转变压器，差动变压器，感应同步器，电位计，光栅、磁栅、光电编码器等。如光栅位移传感器具有很高的测量精度及分辨率，而且抗干扰能力强，易于实现机器人的动态测量。

关节型机器人大多采用光电编码器。例如，采用光电增量码盘经过处理后的信号是与关节转角角度成一定关系式的脉冲数，计算机在确定零位和正、负方向后，只要记录脉冲数就可以得到关节转角的角位移值。如果将它安装在关节的末端转轴上，则可以对该关节进行闭环控制，理论上可以获得较高的控制精度，但其对传感器的分辨力要求高。

2. 速度、加速度的检测

机器人中使用速度传感器是为实现机器人各关节的速度闭环控制。在用直流、交流伺服电动机作为工业机器人驱动元件时，一般采用测速发电机作为速度的检测器。它与电动机同轴，电动机转速不同时，输出的电压值也不同，将其电压值输入到速度控制闭环反馈回路中，以提高电动机的动态性能。

也可以用位移传感器代替速度传感器，此时必须对位移进行时间微分。如利用光电码盘代替速度传感器时，在单位时间内的脉冲数即为速度。利用频率电压转换器将光电码盘的脉冲频率转换成电压值，输入伺服电动机的伺服系统中的速度反馈回路。

3. 外部信息传感器在电弧焊机器人中的应用

图7-2所示为其应用之一。在垂直于坡口槽面的上方安装一个窄缝光发射器，在斜上方用视觉传感器摄取坡口的V字形图像，该V字形图像的下端就是坡口的对接部位，求出其位置就可控制机器人焊枪沿着坡口对接部位移动，进行焊接。这种方法最重要的两点是：需要不易被油污、可靠性好的视觉传感器；正确、快速地得到消除噪声的图像。

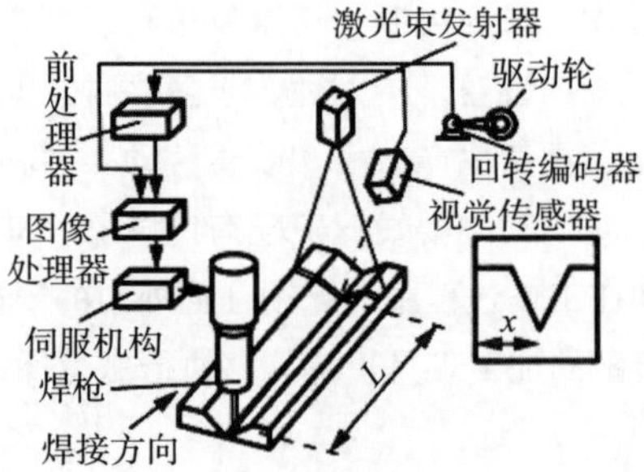

图7-2　用视觉传感器跟踪坡口槽系统

图7-3（a）是用32×32点状图像视觉传感器得到的原图像；图7-3（b）为二值化处理后的图像；图7-3（c）为用特殊处理回路处理后的图像。图7-4为采用磁性接近觉传感器跟踪坡口槽的方法。在坡口槽上方用4个接近觉传感器获取坡口槽位置信息，通过计算机处理后实时控制机器人焊枪跟踪坡口槽进行焊接。

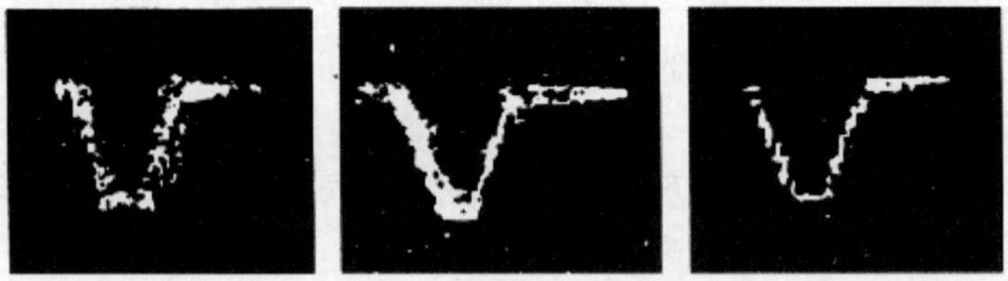

(a)　(b)　(c)

图7-3　弧焊时坡口槽的实时图像处理

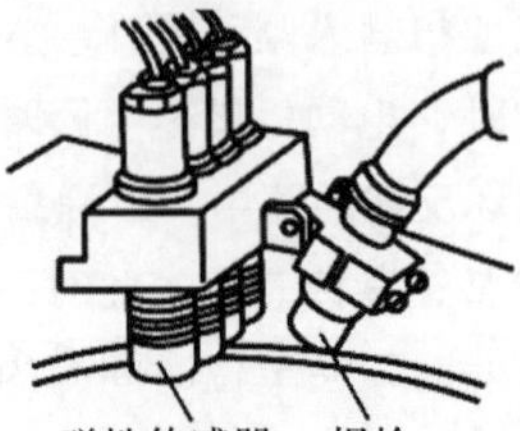

图7-4　用接近觉传感器跟踪坡口槽

触觉传感器无论装设在机器人本体（腕、手爪）或是安装在机器人的操作台上，都必须通过硬件和软件与机器人有效结合，形成协调的工作系统。利用触觉传感器最多的是通过触觉确认对象物体的位置从而修正手爪的位置以便能准确地抓住对象物体。图7-5(a)表示操作器在某一范围内进行搜索的一种方法。操作器在横向用单位量向前进行搜索，搜索中，当操作器的手爪同对象物体接触时，触觉即有输出，同时停止操作器的搜索，转移到抓取对象物体的控制。这种控制，一面监控触觉产生的输出，一面后退、横移并转到抓取动作。图7-5(d)即可表示这种情形，图7-5(b)、(c)表示圆状搜索的情形。

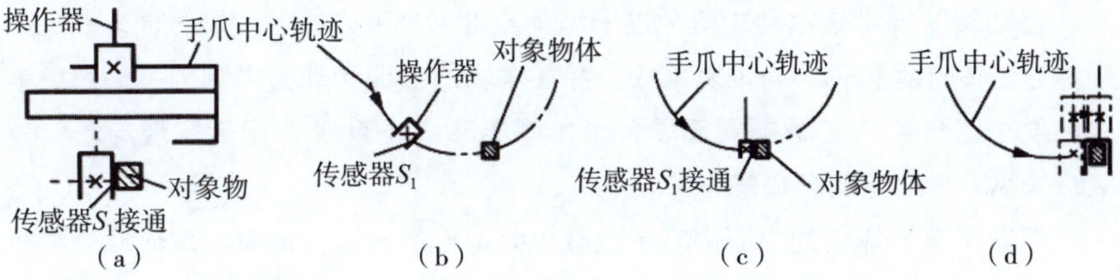

图7-5　通过触觉搜索确认对象物的位置

三、任务实施

组织学生观看工业机器人视频，分组讨论：传感器在工业机器人中还有哪些应用?

四、知识拓展

工业机器人

工业机器人是面向工业领域的多关节机械手或多自由度的机器装置，它能自动执行工作，是靠自身动力和控制能力来实现各种功能的一种机器。它可以接受人类指挥，也可以按照预先编排的程序运行。现代的工业机器人还可以根据人工智能技术制定的原则纲领行动。

五、思考与练习

1. 工业机器人常用的位移传感器有哪些?
2. 在工业机器人中，传感器如何对速度、加速度进行检查?

任务二　传感器在汽车机电一体化中的应用

一、任务描述

随着微电子技术和传感器技术的应用，汽车的机电一体化使汽车焕然一新。当今对汽车的控制已由发动机扩大到整车，例如实现自动变速换挡、防滑制动、雷达防碰撞、自动调整车高、全自动空调、自动故障诊断及自动驾驶等。

自动驾驶技术是主动式安全电子学（ASE）合乎逻辑的发展方向。在ASE中，通过传感器和算法来预测事故，并在车辆的物理和动力限制内主动避免事故的发生。自主式车辆需要部署多个传感器和电子系统，用来实现启动、驾驶、操纵、导航、刹车和停车等。

汽车机电一体化的中心内容是以微机为中心的自动控制系统取代原有纯机械式控制部件，从而改善汽车的性能，增加汽车的功能，降低油耗，减少排气污染，提高汽车行驶的安全性、可靠性、操作性和舒适性。

二、任务资讯

1. 传感器在发动机中的典型应用

（1）曲轴转动位置及转速检测传感器。图7-6所示为曲轴转动位置传感器。这类传感器一般安装在曲轴端部飞轮上或分电器内，由磁电型、磁阻型、霍尔效应型、威耿德磁线型或光电型信号发生器测定曲轴转动位量及转速。

磁电型［图7-6（a）］和磁阻型［图7-6（b）］的工作原理是利用齿轮或具有等间隔的凸起部位的圆盘在旋转过程中引起感应线圈产生与转角位置和转速相关的脉冲电压信号，经整形后变为时序脉冲信号，通过计算机计算来确定曲轴转角位置及转速。这类传感器一般安装在曲轴端部飞轮上或分电器内。

霍尔效应型［图7-6（c）］也有一个带齿圆盘，当控制电流Ic流过霍尔元件，在垂直于该电流的方向加上磁场B，则在垂直于Ic和B的方向产生输出电压，经放大器放大输出E_O。利用这种霍尔效应制作的传感器已用于汽车，其中最受重视的是GaAs霍尔元件。

威耿德（Weigand）磁性传感器是J. R. Weigand利用磁力的反向作用研制而成的，其原理如图7-6（d）所示。它利用0.5Ni-0.5Fe磁性合金制成丝状，并进行特殊加工，使其外侧矫顽力和中心部位不同。当外部加给磁线的磁场超过临界值时，仅仅在中心部位引起反向磁化。若在威耿德磁线上绕上线圈，则可利用磁场换向产生脉冲电压。因此，威耿德磁线与磁铁配对，可构成磁性传感器。这种传感器不用电源，使用方便，用在汽车上，可检测转速和曲轴转角。

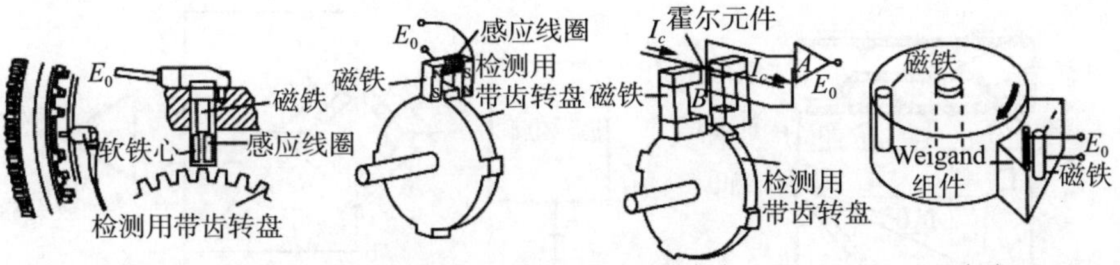

（a）（b）（c）（d）

图7-6　曲轴位置、转速传感器

光电型传感器由发光二极管、光纤、光敏三极管等构成，利用光的通断可测曲轴转角位置与转速。这种传感器具有抗噪声能力强及安装地点易于选择等优点，但易被泥、油污染。

（2）压力传感器。汽车发动机的负荷状态信息通过压力传感器测量气缸负压即可知道，发动机根据压力传感器获取的信息进行电子点火器控制。汽车用压力传感器不仅用于检测发动机负压，还可用于检测其他压力。

汽车用压力传感器的主要功能有：① 检测气缸负压，从而控制点火和燃料喷射；② 检测大气压，从而控制爬坡时的空燃比；③检测涡轮发动机的升压比：④ 检测气缸内压：⑤ 检测EGR（废气再循环）流量；⑥ 检测发动机油压；⑦检测变速箱油压；⑧ 检测制动器油压；⑨ 检测翻斗车油压：⑩ 检测轮胎空气压力。

汽车用压力传感器目前已有若干种，但从价格和可靠性考虑，当前主要使用压阻式和静电电容式压力传感器。压阻式压力传感器由3mm×3mm×3mm侧的硅单晶片构成，晶面用化学腐蚀法减薄，在其上面用力扩散法形成四个压阻应变片膜。这种传感器的特点是灵敏度高，但温度系数大。灵敏度随温度的变化用串联在压阻应变片桥式电路上的热敏电阻进行补偿，不同温度下零点漂移由并联在应变片上的温度系数小的电阻增减进行补偿。

图7-7所示为压阻应变式压力传感器（亦称真空传感器）。它实际上是一个由硅杯组成的半导体应变元件，硅杯的一端通大气，另一端接发动机进气管。其结构原理如图7-7（a）所示，硅杯的主要部位为一个很薄的硅片，外围较厚，中部最薄。硅片上下两面各有一层二氧化硅膜。在膜层中，沿硅片四周有四个应变电阻。在硅片四角各有一个金属块，通过导线与应变电阻相连。在硅片底部粘贴了一块硼硅酸玻璃片，使硅膜中部形成一个真空窗以感应压力。使用时，用橡胶或塑料管将发动机吸气管的真空负压连接到真空窗口（真空室）即可。传感器的四个电阻连接成桥形电路，如图7-7（b）所示，无变形时将电桥调到平衡状态。

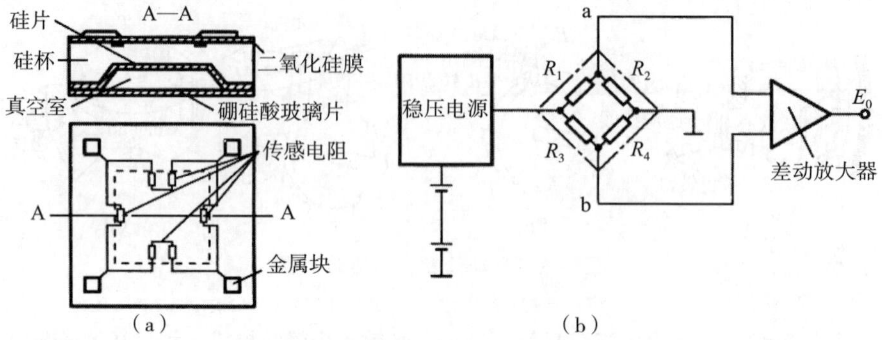

图7-7　压阻应变式压力传感器

当硅杯中硅片受真空负压弯曲时，引起电阻值的变化，其中R_1和R_4的阻值增加，R_2和R_3的阻值等量减小，使电桥失去平衡，从而在ab端形成电势差。此电势差正比于进气真空度，故可作为发动机的负荷信号。

（3）爆振传感器。爆振是指燃烧室中本应逐渐燃烧的部分混合气突然自燃的现象。这种现象通常发生在离火花塞较远区域的末端混合气中。爆振时，产生很高强度的压力波冲击燃烧室，所以能听到尖锐的金属部件敲击声。爆振不仅使发动机部件承受高压，并使末端混合气区域的金属温度剧增，严重的可使活塞顶部熔化。

点火时间过早是产生爆振的一个主要原因。由于要求发动机能够发出最大功率，点火时间最好能提早到刚好不至于发生爆振的角度。但在这种情况下发动机的工况略有改变，就可能发生爆振而造成损害。过去为避免这种危险，通常采用减小点火提前角的办法，但这样要牺牲发动机的功率。为了不损失发动机的功率而不产生爆振现象，必须研制和应用爆振传感器。

发动机爆振时产生的压力波，其频率范围为1~10kHz。压力波传给缸体，使其金属质点产生振动加速度。加速度计爆振传感器就是通过测量缸体表面的振动加速度来检测爆振压力的强弱，如图7-8（a）所示。

这种传感器用螺纹旋入气缸壁，其主要元件为一个压电元件（压电陶瓷晶体片），螺钉使一个惯性配重压紧压电片而产生预加载荷。载荷大小影响传感器的频率响应和线性度。

图7-8（b）所示的爆振压力波作用于传感体时，通过惯性配重使压电元件的压缩状况产生约20mV /g（g——重力加速度）的电动势。传感器以模拟信号（小电流）传输给微型电子计算机，经滤波后，再转换成指示爆振后爆振的数字信号。当逻辑电路检测到爆振数字脉冲时，控制计算机立即发出指令推迟点火时间以消除爆振。

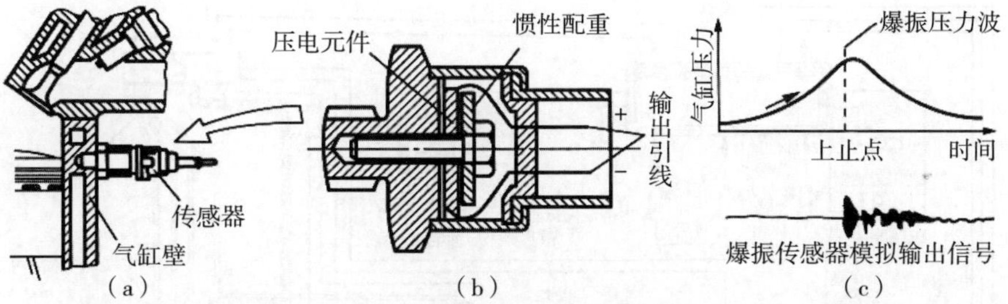

图7-8　爆振传感器（加速度型）

（4）冷却液温度传感器。目前使用的温度传感器主要是热敏电阻和铁氧体热敏元件。冷却液温度传感器常用一个铜壳，与需要测量的物体接触，壳内装有热敏电阻。一般金属热敏电阻的阻值随温度升高而增加，具有正温度系数。与此相反，与半导体材料（最常用的是硅）制成的传感器具有负温度系数，其电阻位随温度升高而降低。使用时，传感器装在发动机冷却水箱壁上，其输出的与冷却液温度成比例的直流电压作为修正点火提前角的依据。发动机冷却液温度传感器采用正温度系数的热敏电阻特性。

2．传感器在汽车空调系统中的应用

汽车的基本空调系统，经过不断的发展、元件改进、功能完善以及电子化，最终发展成为自动空调系统。

自动空调系统的特点为；空气流动的路线和方向可以自动调节，并迅速达到所需的最佳温度。在天气不燥热时，使用设置的“经济挡”控制，使空压机关掉，但仍有新鲜空气进入车内，既保证一定舒适性要求，又节省制冷燃料，具有自动诊断功能，迅速查出空调系统存在的或“曾经”出现过的故障，给检测维修带来很大方便。

图7-9所示为自动空调系统图。它由操纵显示装置、控制和调节装置、空调电动机控制装置以及各种传感器和自动空调系统的各种开关组成。温度传感器是系统中应用最多的，两个相同的外部温度传感器，分别安装在蒸发器壳体和散热器罩背后，计算机感知这两个检测值，一般用低值计算，因为在行驶时和停止时，温度会有很大差别。图中高压传感器实际上是一个温度传感器，是一个负温度系数的热敏电阻，起保护作用。它装在冷凝器和膨胀阀之间，以保证压缩机在超压的情况下，例如散热风扇损坏时，关闭并被保护。各种开关有防霜开关、外部温度开关、高／低压保护开关、自动跳台开关等。当外部温度$T \leqslant 5℃$时，通过外部温度开关关断压缩机电磁离合器。自动跳合开关的作用是在加速、急踩油门踏板时，关断压缩机，使发动机有足够的功率加速，然后再自动接通压缩机。

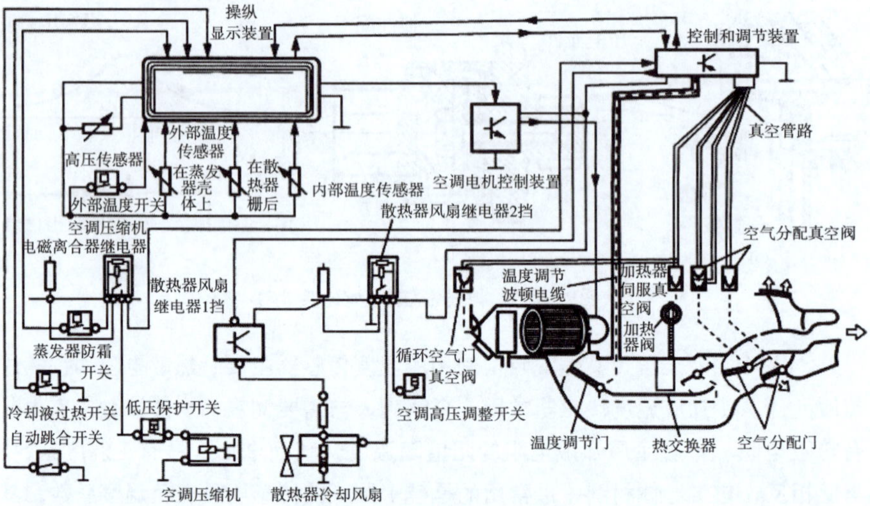

图7-9　自动空调系统框图

三、任务实施

组织学生观看汽车结构视频，分组讨论：传感器在汽车机电一体化中还有哪些应用?

四、知识拓展

汽车传感器的发展历史

在20世纪60年代，汽车上仅有机油压力传感器、油量传感器和水温传感器，它们与仪表或指示灯连接。

进入70年代后，为了治理排放，又增加了一些传感器来帮助控制汽车的动力系统，因为同期出现的催化转换器、电子点火和燃油喷射装置需要这些传感器来维持一定的空燃比以控制排放。80年代，防抱死制动装置和气囊提高了汽车安全性。

今天，有用来测定各种流体温度和压力（如进气温度、气道压力、冷却水温和燃油喷射压力等）的传感器；有用来测定各部分速度和位置的传感器（如车速、节气门开度、凸轮轴、曲轴、变速器的角度和速度、排气再循环阀（EGR）的位置等）；还有用于测量发动机负荷、爆振、断火及废气中含氧量的传感器；确定座椅位置的传感器；在防抱死制动系统和悬架控制装置中测定车轮转速、路面高差和轮胎气压的传感器。保护前排乘员的气囊，不仅需要较多的碰撞传感器和加速度传感器，面对制造商提供的侧量、顶置式气囊以及更精巧的侧置头部气囊，还要增加传感器。随着研究人员用防撞传感器（测距雷达或其他测距传感器）来判断和控制汽车的侧向加速度、每个车轮的瞬时速度及所需的转矩，使制动系统成为汽车稳定性控制系统的一个组成部分。

老式的油压传感器和水温传感器是彼此独立的，由于有着明确的最大值或最小值的限定，其中一些传感器的实际作用就相当于开关。随着传感器向电子化和数字化方向发展，它们的输出值将得到更多的相关利用。

五、思考与练习

1. 汽车传感器在发动机中有哪些典型应用?
2. 传感器在汽车空调系统中有哪些典型应用?
3. 汽车用压力传感器的主要功能有哪些?

任务三 传感器在家用电器中的应用

一、任务描述

现代家用电器中普遍使用传感器。传感器在电子炉灶、自动电饭锅、空调、电子热水器、热风取暖炉、风干器、报警器、电熨斗、电风扇、电子驱蚊器、洗衣机、洗碗机、照相机、电冰箱、彩色电视机、录像机、录音机、收音机等各个方面有着广泛的应用。随着人们生活水平的不断提高，对提高家用电器产品功能及自动化程度的要求极为强烈，为满足这些要求，首先要使用高精度的模拟量传感器，以获取正确的控制信息，并由微机进行控制，使家用电器的使用更加方便、安全、可靠，并减少能源的消耗，为更多的家庭营造良好的生活环境。

从用户的角度来看，虽然这种家电的销售价格高于无传感器技术的电器，但是对于投资购买新一代的电器仍然是有好处的。

随着家用电器的发展和普及，家电控制的电子化对传感器的需求量越来越大。家用电器的电子控制器件已经发展到集成电路和大规模集成电路，单片机的应用也越来越广泛。单片机能够完成复杂的判断、预测、自动运行等任务。全自动洗衣机应用单片机控制，通过洗净度、漂洗状况的检测与控制，可以达到操作简便、节水、节电、节省洗涤剂的目的。电冰箱的自动除霜可以提高电冰箱的效率。电子控制的红外烤格、空调等家用电器使用着各类传感器，同时各个家电生产厂家也在不断开发新的传感器。下面仅以微波电子灶为例说明传感器的应用。

二、任务资讯

微波电子灶与普通灶具的加热方式、控制方式不同，它有多种多样的功能，不但省时、省力、清洁、卫生，而且做出来的菜肴美味可口，因此受到人们的喜爱。这些是与微机与传感器技术的应用分不开的。

1. 电子灶的湿度传感器控制

日本松下电气公司采用的$MgCr_2O_4 \cdot TiO_2$半导体多孔质陶瓷湿度传感器采用耐高温材料且具有疏水性，既能用加热的方法清除油、烟等污染物质，又不受湿气的影响。图7-10所示为传感器在微波炉内的安装及烹调情况的例子。按图中位置装好湿度传感器，测量前先加热活化，烹调开始后，食品受热，相对湿度一度减小，当食品中的水沸腾时，相对湿度又急剧上升。控制时，通过湿度传感器检测这一变化，检测到的振荡频率达到某设定值后，还不能马上停止微波加热，此后的控制由软件实现。

烹调的内容不同，时间常数也不同，通过实验分析、整理可以设计出供电子灶应用的软件。图7-11所示为湿度传感器控制电路简图。

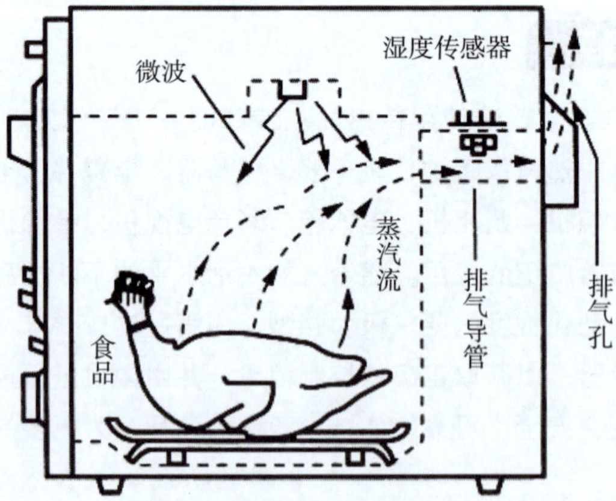

图7-10 传感器在微波炉内的安装及烹调

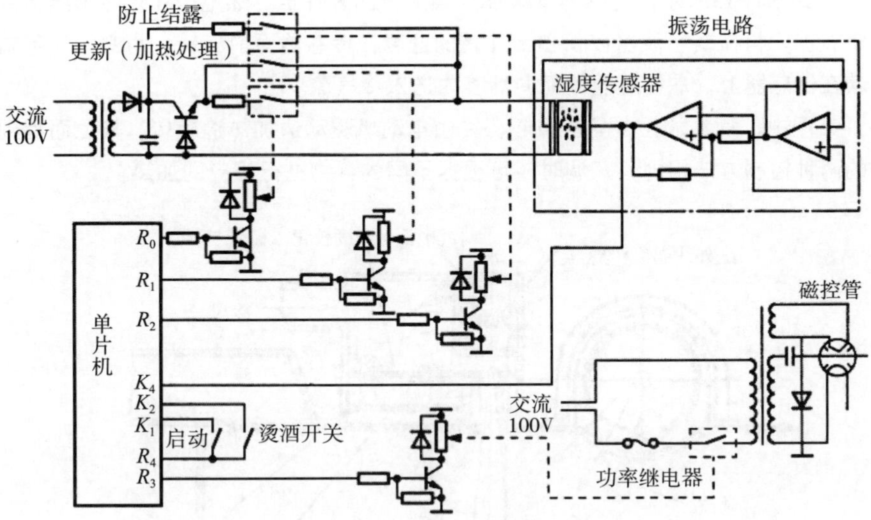

图7-11 电路简图

2. 电子灶的气体传感器控制

日本夏普公司采用SnO_2烧结型气体传感器进行控制。这种传感器可耐400℃高温，具有电路简单的特点。一般的气体传感器多用于检测甲烷、内烷等低分子量气体，与此不同，SnO_2烧结型气体传感器可检测食物产生的高分子量气体。传感器也放在排气通道内，对不同的食物挥发气体的浓度和烹调情况之间的关系，通过实验分类整理，编制成应用软件。图7 12所示为气体传感器输出与烹调过程的关系。这种传感器也可用加热方法清除灶内油污等物质。

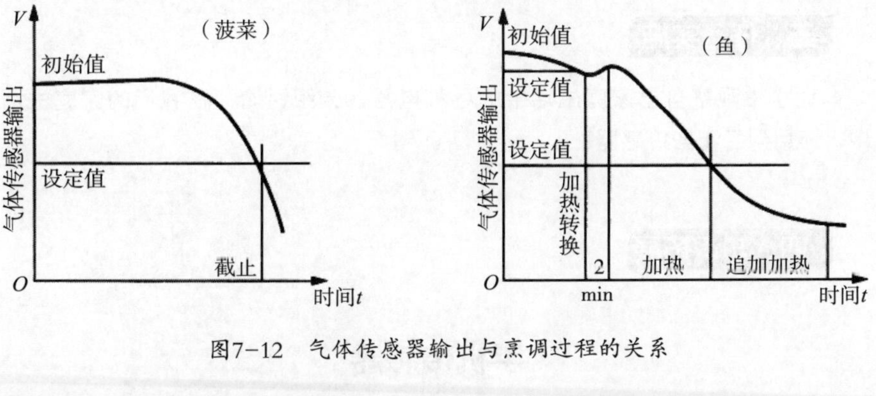

图7-12 气体传感器输出与烹调过程的关系

3. 电子灶的温度传感器控制

日本三洋公司生产的电子灶，采用$LiTaO_3$晶体热电式红外传感器检测食物的表面温度并进行控制。这种传感器比一般红外传感器测量范围广，价格也便宜。

如图7-13所示，传感器安装在灶具上方的天井里。热电型红外传感器需要斩波器，机械式斩波器以每秒十几转的速度在传感器面前旋转。为避免油污附着在传感器上，从传感器侧面向灶腔内送入冷气流。

图中，食物放在食品台中心，并由电动机驱动边加热边旋转。与上面提到的两种控制方法相同，烹调时，可根据不同的食物进行相应的加热。

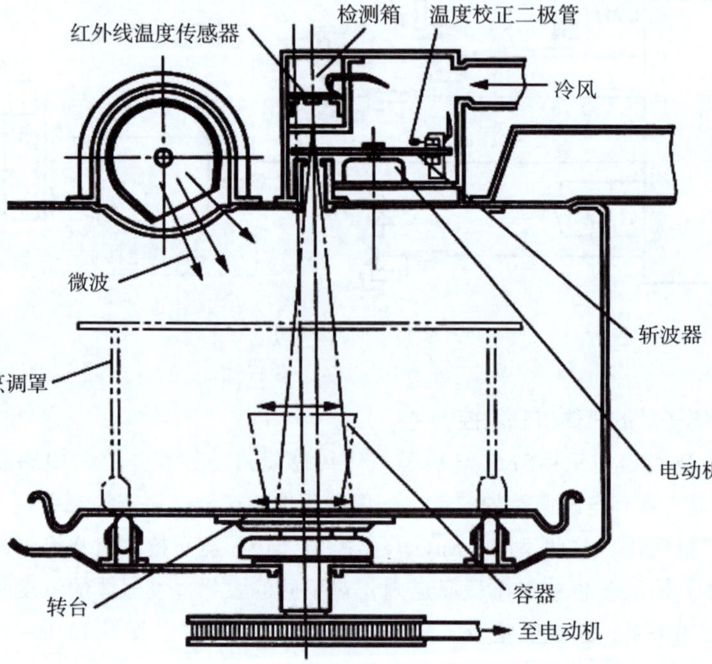

图7-13 微波炉中传感器装配示意图

三、任务实施

让学生观察自己家庭生活中的各种电器，分组讨论：在我们的家庭生活中，还用到了哪些传感器？

四、知识拓展

手机传感器

手机传感器检测安卓手机上所有可用感应器，并通过图像生动地展示它们是如何运作的。手机传感器也能够识别该手机硬件支持哪些传感器，并提供对我们日常生活起着重要作用的传感工具。手机传感器只能检测到变化，如果属性没有变化，它显示的温度值、距离值、光和压力的值可能不准确。

下面介绍几种手机中常用的传感器。

1. 光线感应传感器

光线感应传感器检测实时的光线强度，光强单位是lx，其物理意义是照射到单位面积上的光通量。光线感应传感器主要用于Android系统的LCD自动亮度功能。可以根据采样到的光强数值实时调整LCD的亮度。

2. 压力传感器

压力传感器返回当前的压强，单位是百帕斯卡（hPa）。

3. 温度传感器

温度传感器返回当前的温度。

4. 接近传感器

接近传感器检测物体与手机的距离，单位是cm。一些接近传感器只能返回远和近两个状态，因此，接近传感器将最大距离返回远状态，小于最大距离返回近状态。接近传感器可用于接听电话时自动关闭LCD屏幕以节省电量。一些芯片集成了接近传感器和光线传感器两者的功能。

五、思考与练习

1. 传感器在电子灶中是如何对湿度进行控制的?
2. 传感器在电子灶中是如何控制食品温度的?

参考文献

[1] 李晓莹．传感器预测试技术[M]．北京：高等教育出版社，2005.

[2] 杨帆．传感器技术[M]．西安：西安电子科技大学出版社，2008.

[3] 吴建平．传感器原理及应用[M]．北京：机械工业出版社，2009.

[4] 冯柏群，祁和义．检测与传感技术[M]．北京：人民邮电出版社，2008.

[5] 张波，任玮．传感与检测技术项目训练教程[M]．北京：高等教育出版社，2015.

[6] 王淼，耿俊梅．传感器与检测技术[M]．北京：中国建筑工业出版社，2014.